Il mio ringraziamento va a tutti i miei collaboratori che mi hanno fornito impulsi importanti per la realizzazione di questo libro e che mi sono stati di grande aiuto nel leggere, correggere, formulare eccetera. Siete semplicemente fantastici!

Il mio ringraziamento va anche a Wissi che apprezza lealmente il mio successo, dandomi la sensazione di fare la cosa giusta.

Il mio desiderio per tutti i miei collaboratori è che con questo libro possano compiere un passo in avanti sul cammino del loro sviluppo.

W0179636

Gabi Steiner

Da persona a persona 1

Guadagno e prospettive grazie al marketing del passaparola

ISBN-Nr. 9783945261040, 4. Edizione Giugno 2020

Indice

Introduzione..7

Cos'è il marketing del passaparola?....................................15

La mia storia in dettaglio... 32

Sogni e obiettivi... 37

Il PERCHÉ 47

Lo sviluppo nel network-marketing.................................... 57

Definizione dei termini..61

Informazioni neutre... 64

Il potere della duplicazione 86

L'uovo o la gallina? 91

La lista dei nomi... 97

"La scatola dei non ancora" 102

La vaccinazione preventiva e la tecnica della lumaca 106

Ascoltare con successo...111

Contatti 114

La corrente delle informazioni 124

Domande tipiche.. 127

Guadagno stabile dalla profondità..................................... 135

Incontri-training... 139

Filtrare e selezionare 145

Il compito dello sponsor 150

Conclusione.. 157

Introduzione

Il mio nome è Gabi Steiner. Per otto anni sono stata una madre-single e solo a 41 anni ho conosciuto il mio compagno Manfred. Per questo, sin dall'inizio eravamo ben consapevoli del valore del tempo. Ci era chiaro che non volevamo lavorare fino a 65 anni per poter poi forse trascorrere ancora un paio di anni piacevoli insieme. Il nostro obiettivo era di non dover più lavorare al massimo all'età di 50 anni. Ciò significa avere la scelta di lavorare quando, quanto e soprattutto con chi vogliamo!

Nel 1999 ho trovato una possibilità di realizzare questo obiettivo senza investimenti e senza rischio.

Con questo libro voglio presentarvi questa opportunità. Voglio dimostrarvi che si può effettivamente realizzare molto di ció a cui oggi non osate neppure pensare. Voglio incoraggiarvi a sognare di nuovo di piú.

Dalla pubblicazione del mio libro sono passati quasi quattro anni in cui moltissime cose sono cambiate. Il libro che ora tenete tra le mani è stato pubblicato in tre lingue e letto oltre 100.000 volte.

Un estratto del libro è pubblicato sul nostro sito web in altre dieci lingue. Per le persone che non amano leggere è disponibile anche in forma di audiolibro.

Nel nostro settore non ci sono valori d'esperienza a cui riferirsi. Prendiamo decisioni, le attuiamo e poi ci fermiamo a guardare se e cosa si può migliorare. In base al motto:

> Non c'è alcuna via riconoscibile
> davanti a noi ma solo dietro di noi.

... Molti lettori attenti che già conoscono il libro troveranno alcuni ulteriori consigli ed esperienze dalla mia quasi quindicinale pratica nel settore.

All'inizio eravamo degli assoluti pionieri retti da una solida fiducia in ciò che era fattibile e da una grande visione che, sinceramente, a volte era solo una grande speranza. Oggi tutto è dimostrato. Nel frattempo abbiamo ottenuto moltissimi riconoscimenti "visibili". Nel 2005 venne pubblicato il libro "Beruf und Berufung" (Lavoro e vocazione) del professor Michael Zacharias del Politecnico di Worms e siamo una delle sette aziende citate in questo testo. Lo considero un riconoscimento particolare e un assoluto "titolo nobiliare" per il quale sono molto grata. Se siete una persona tutta "numeri, dati, fatti" vi raccomando il suo libro in modo particolare. Potrete acquisire molta sicurezza sul settore da fonte neutrale e di prestigio.

E ciò che per me è la cosa più bella: nel frattempo si rivolgono a noi sempre più persone che inizialmente non avevano giudizi molto positivi riguardo al settore. Ma sono rimaste aperte, hanno osservato e visto che non c'è niente da perdere e che già per questo si tratta veramente di una grossa opportunità di cambiare la propria vita come lo si desidera veramente. Nel frattempo ho potuto constatare con gratitudine che, con il cammino "da persona a persona", siamo sulla via giusta. E che molte persone hanno necessità di nuove soluzioni. Per me, questo percorso è diventato sempre più un concetto di vita basato su tre colonne. E sono sicura che tutte le persone (o quasi) ne hanno veramente bisogno e lo vogliono.

Nel caso delle prime due colonne parliamo di prevenzione. Non c'è dubbio che preferiamo rinviare questo tema al futuro, come anche quello della pensione. In molti il desiderio di rimanere sani è più forte di quello di essere sani. Per un grande numero di persone è anche molto importante procurarsi una "ruota di scorta" a cui ricorrere se il loro posto di lavoro sarà a rischio o se rischiano di perdere la loro indipendenza. Questo costituisce, come nel caso della pensione, una forma molto importante di prevenzione finanziaria.

La terza colonna è lo sviluppo personale o la formazione. Al giorno d'oggi, esiste qualcosa di più importante dello sviluppo delle nostre capacità individuali? Poiché le prime due colonne, cioè la salute e lo sviluppo della personalità, sono già integrate nel nostro sistema, l'indipendenza economica è alla fine una questione legata alla vostra attività, al tempo e all'importanza dei vostri PERCHÉ.

Il mio consiglio: riflettete se avete un PERCHÉ, cioè un motivo per cambiare qualcosa. Guardate in avanti di 20 anni e decidete VOI come sarà la vostra vita tra 20 anni. Poi ponetevi la domanda: *Posso raggiungere questo obiettivo se continuo a fare quello che ho sempre fatto?* Se la risposta è no, allora avete un buon motivo per iniziare attingendo alla mia esperienza. In questo libro l'ho descritta dettagliatamente.

Purtroppo alcuni non riescono a riconoscere quale miniera d'oro hanno sotto i loro piedi. Ciò è da ricondurre in parte anche al paradigma che la maggior parte delle persone ha in testa riguardo a "questa forma di vendita". Mio fratello Andy aveva grossi problemi con la sua impresa edile e tuttavia rimase a guardare per oltre quattro anni come io conquistavo sempre maggior successo.

Quando nel luglio 2003 per la prima volta fu pronto a discutere con me dell'opportunità che gli offrivo gli diedi prima di tutto un compito. Avevo capito che era pieno di pregiudizi e che innanzitutto dovevo riuscire ad aprire la sua mente a questa opportunitá. Così lo pregai di risolvere il quesito che troverete alla pagina seguente. Gli spiegai che, per quello che avevo da dirgli, avrebbe dovuto "aprire un nuovo cassetto". Per la decisione di Andy questo quesito costituí un impulso talmente importante che da allora lo uso molto spesso e non ve ne voglio assolutamente privare.

Qui ci sono nove punti. Per favore provate (prima di voltare pagina) a collegare tutti e nove i punti con solo quattro linee rette senza staccare la matita dal foglio.

Naturalmente Andy non riuscí a risolvere il quesito. Voi ci riuscite?

Ecco come funziona:

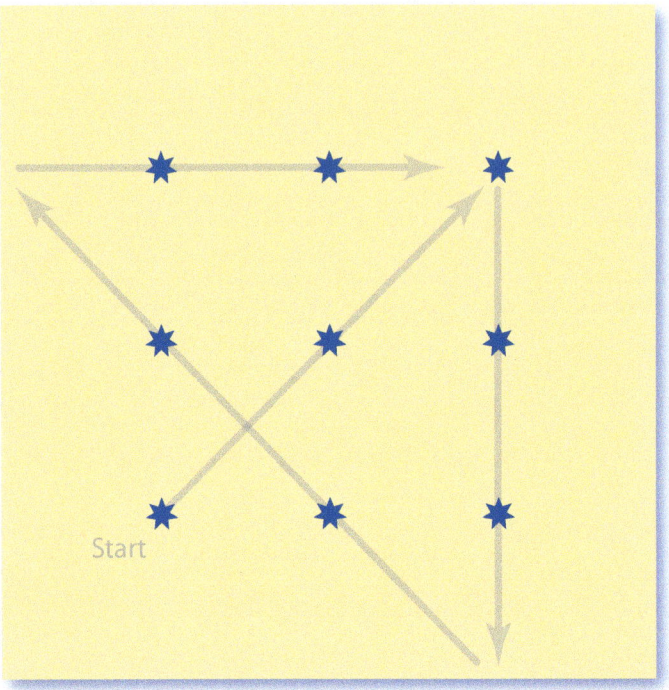

Era interessante, Andy ha subito compreso quanto gli volessi dire: *Devi pensare al di là delle linee*. Gli fornii uno dei miei libri preferiti e il giorno dopo mi scrisse una mail che mi commosse molto:

Ho giá letto buona parte del libro verde (Nota dell'autore: "Il miglior networker del mondo" di John Milton Fogg). Anche Sonja lo ha letto. Certo, é strano pensare a sé stessi e constatare che per abitudine e comoditá si prendono sempre solo i punti esterni, mentre il punto centrale e piú importante non può mai essere raggiunto. Si prova fino a crollare e ancora ci si chiede perché. È tempo di cambiare e spero che ci riusciremo con il tuo aiuto!

Potete immaginare che sensazione fu per me? Questa sensazione, il bisogno di spiegare sulla base di paradigmi esistenti e il forte desiderio di incoraggiare con le mie esperienze colui o coloro che si mettono in cammino verso la libertà e l'indipendenza, oltre a molte altre ragioni, mi hanno spinto a scrivere questo libro. Con ció non voglio naturalmente dire che voi non dobbiate leggere gli altri. Finora ho estrapolato da ogni libro una frase che mi è stata di aiuto nei miei colloqui e che forse è stata l'argomento decisivo per uno dei miei interlocutori.

Da novizi troverete una quantitá di storie che all'inizio vi informeranno e ispireranno. Secondo il motto del network *Tutta la forza del nuovo* ho deciso di inserire in questo libro tutto ció che è importante per prendere una decisione. Allo stesso tempo il libro vuole essere uno strumento di formazione e un testo di consultazione, un aiuto per la partenza, per cosí dire, per sostenere i nostri nuovi amici a gestire il primo anno in questo nuovo ed eccitante mondo. Tutti gli esempi sono storie vere di persone che hanno già preso una decisione, che sono ancora in cammino o che hanno raggiunto il loro obiettivo. Voglio ringraziare di cuore tutti i miei collaboratori che mi hanno raccontato le loro storie fornendomi i contenuti di questo libro.

Recentemente ho letto un segreto del successo che voglio rivelarvi. Si tratta della differenza tra le persone di successo e quelle senza successo:

> Le persone DI SUCCESSO agiscono
> sulla base di informazioni verificate.
> Le persone SENZA SUCCESSO agiscono
> sulla base di pregiudizi non verificati.

Auguro a voi e a me di potervi dare sufficienti impulsi perché, attraverso questo mio libro, diventiate curiosi del "grande tutto" e che abbiate più fiducia nelle "informazioni verificate" ... perché il marketing del passaparola è genialmente semplice, oppure semplicemente geniale ...

La vostra

Gabi Steiner

Cos'è il marketing del passaparola?

È una possibilità di guadagnare soldi? Mi rattrista quando sento che qualcuno riduce questa opportunità al semplice fatto di "fare soldi". Io ci vedo piuttosto la possibilità di acquisire, oltre al benessere materiale, sempre più valori ideali come un alto livello di libertà e indipendenza. La vera ricchezza significa spianare ad altre persone la via al successo, stringere e coltivare amicizie, conoscere altre persone, costumi e usanze e soprattutto disporre del bene di lusso "tempo" per la salute, la famiglia, gli amici e gli hobby.

La più grande sfida consiste nel far comprendere al nostro interlocutore che qui non si tratta affatto di vendita. Per questo voglio innanzitutto raccontarvi con una storia come oggi spiego la differenza tra la vendita e il marketing del passaparola:

Nel luglio 2004 volevo trascorrere un paio di giorni di vacanza in Svizzera. Il mio gruppo è cresciuto là e il team svizzero era entusiasta del fatto che volessi sfruttare il mio soggiorno per tenere due seminari. Il primo seminario a Zurigo risultò piuttosto "ostico", anche per il fatto che in prima fila sedeva una signora che aveva evidentemente già deciso in anticipo che l'incontro non le sarebbe piaciuto ...

Sono un'oratrice appassionata e adoro avere persone tra il pubblico che vogliono ascoltare le mie esperienze. D'altra parte devo ammettere che sono molto sensibile, reagisco "di pancia", e quelle "vibrazioni" mi fecero perdere il filo. (Questo naturalmente lo notano solo coloro che mi conoscono, ma per me si tratta di un grosso lavoro perché devo pensare a come impostare ogni frase. Quando invece mi trovo nel "flusso" le parole scorrono con estrema facilità.)

Dopo la pausa, la sedia era vuota. Alla fine del seminario, la sorella della signora sopra citata venne da me e mi chiese: *Cosa devo fare con mia sorella? Lei sostiene che qui si tratta solo di vendita!* Di nuovo questo fantasma!

Ho imparato che spesso situazioni apparentemente scomode rappresentano delle sfide o un potenziale di crescita. Durante l'intera settimana in Svizzera mi scervellai cercando un modo di spiegare ancora meglio il marketing del passaparola in modo che non potesse essere frainteso da nessuno. E mi venne un'idea ...

Venerdì sera era programmato il seminario a Landquart (Svizzera). Cambiai semplicemente il programma iniziando a raccontare la storia della signora in prima fila come l'avevo percepita e sentita.

Cos'è il marketing del passaparola?

> Il marketing del passaparola è un concetto semplice per portare i prodotti direttamente dal produttore al consumatore. Il denaro, che nel caso di metodi di distribuzione convenzionali viene normalmente speso per la distribuzione e la pubblicità, viene invece direttamente pagato a chi avvicina le persone al prodotto per il consumo personale.

In realtà è molto semplice. Prima della spiegazione dovete considerare questo: per ogni prodotto che comprate in negozio, sia esso un libro, i pantaloni che portate o qualsiasi altra cosa, pagate il prezzo del negozio, che fa il 100 per cento. La domanda è: quale percentuale della somma pensate finisca veramente al produttore? Lascio volentieri stimare l'importo: la maggioranza si accorda tra il 20 e il 40 per cento. Ciò significa però che la maggior parte della somma si perde sulla via della distribuzione. Per spese come ad esempio la pubblicità e i sistemi distributivi. L'affitto del negozio va pagato indipendentemente dal fatturato. Per questo molti imprenditori soffrono per i "costi fissi". Il personale percepisce il suo stipendio anche se il fatturato è diminuito. La maggior parte delle persone comprende bene tutto ciò.

Quel giorno in Svizzera raccontai un esempio:

Immaginate tre distributori lunga una strada. Il primo si chiama "Ruedi Rüssel" (non ridete, esiste veramente in Svizzera), l'altro è "Shell" e il terzo è un distributore tutto particolare. Questo terzo distributore di benzina non ha alcun edificio, c'è solo una pompa e quando piove vi bagnate. Non c'è nessun addetto che vi serve, dovete fare da soli. Ma offre un'opportunità unica: la somma che si risparmia dai costi del personale, del servizio, dell'affitto (ed è un bel po') viene versata alle persone che raccomandano ad altri quello specifico distributore di benzina. Se per esempio fate benzina presso quel distributore per 100 franchi, alla fine del mese riceverete una certa somma per ogni persona a cui lo raccontate e che di conseguenza si servirà da quel distributore e per ogni altro individuo a cui questa a sua volta raccomanderà la pompa. Ammettiamo per esempio che si tratti di dieci franchi per raccomandazione. Ciò significa che se, per esempio, nel primo mese fate benzina e raccontate alla vostra amica Anna di questo specifico distributore e lei stessa si servirà lì, riavrete dieci franchi. Il mese successivo racconterete del distributore anche a vostro padre Alfredo, mentre Anna ne parlerà a suo cugino Beppe. Adesso ci sono tre persone (Anna, Alfredo e Beppe) che si servono dal distributore grazie alla vostra attività. Ciò significa che vi ritornano 30 franchi o euro.

Posi la domanda: *Chi di voi farebbe benzina a quel distributore?* Quasi il 100 per cento delle persone risposero positivamente a favore del mio distributore "speciale". Ma continuiamo a calcolare. Chiesi ai miei svizzeri (che intanto non erano più ostici) se potessero immaginarsi di raccomandare ad una persona ogni mese quel distributore. Tutti risposero di sì. Al calcolo successivo si diffuse uno stupore incredulo, probabilmente in concomitanza con il crollo del paradigma che la maggioranza delle persone ha in questo senso.

Nel secondo mese, inclusa me, quattro persone complessivamente si servono al distributore. Come ognuna di queste persone pago i miei 100 franchi per il carburante e me ne ritornano 30 (dieci franchi per tre persone). Se ognuno di noi raccomanda un'altra persona che farà benzina, avremo al terzo mese otto persone, il quarto mese 16. Questo è, tra l'altro, il momento in cui la propria benzina viene interamente pagata e avanza pure qualcosa. Al quinto mese le persone sono 32, il sesto mese sono 64, il settimo 128, l'ottavo

256, poi 512, 1.024, 2.048 e il dodicesimo mese ho 4.096 persone che fanno benzina. 4.096 persone sebbene io stessa abbia raccomandato il distributore a quante persone? Giusto, solo a 12 persone. La mia amica Anna ha raccomandato il distributore a 11 persone, Beppe a dieci eccetera. Questo è il potere della moltiplicazione. Ed è la moltiplicazione che garantisce una somma per la quale dobbiamo aprire davvero un nuovo "cassetto".

Ora arriviamo alla domanda decisiva: *Chi di voi può dire sul serio che* **vendiamo** *benzina?* Vi avrei voluto avere con me in Svizzera! È incredibile come arrivava l'illuminazione. Questo è il punto!

A volte sento dire: *Anche qui si vende.* Questo è vero. Naturalmente si distribuisce benzina, per quanto mi riguarda viene anche venduta, ma sicuramente in nessun caso tramite le persone che hanno raccomandato il distributore. Il carburante viene venduto esclusivamente dal distributore della benzina. E questo è molto importante: TUTTI pagano lo stesso prezzo!

Tutti i partecipanti al seminario in Svizzera riconobbero l'opportunità di ricavare un reddito piccolo o grande attraverso la raccomandazione di quel distributore di benzina. Oppure videro semplicemente la possibilità di riguadagnare la spesa per la propria benzina. Questa è la ragione per cui esistono ditte specializzate in marketing del passaparola. Semplicemente perché oggi esistono motivi a sufficienza per cercare nuove possibilità. Quelle vecchie non funzionano più. Pensiamo ai nostri posti di lavoro, alla pensione, oppure dedichiamo un pensierino al nostro sistema sanitario.

Il marketing del passaparola è la soluzione per molti problemi. Mi chiedo spesso perché molte persone non se ne rendano conto. Forse è nella natura umana considerare sbagliata una cosa prima di trovarla giusta?

Fu bello vedere fumare le teste quando posi la domanda: *Direste: non ho tempo per questo?* Sicuramente state ridendo perché siete consapevoli di quanto sarebbe strano.

I lettori attenti hanno subito trovato due problemi nell'esempio. Il primo è che non si può contare su un ritorno del 12 x 10 %. È logico, è così nella maggior parte delle aziende. Più si va in profondità, minore è la percentuale che viene pagata.

Il secondo problema: non si tratta di benzina. Questo è dovuto forse al cartello che di recente ho visto vicino ad un distributore di benzina e sui cui si leggeva: *Non siamo un distributore di benzina ma un esattore di tasse.* Avete sicuramente capito il sistema o l'idea. Spero che vi sia piaciuta, in modo che possiate riflettere insieme a me con quale prodotto potrebbe funzionare.

Che bisogna prima produrre un fatturato per poter ottenere una provvigione o un bonus, nel frattempo l'avevano capito tutti. I miei svizzeri ora erano disposti a riflettere con me quale prodotto fosse adatto per questo sistema distributivo.

Posi loro questa domanda: *Quali caratteristiche deve avere il prodotto per essere adatto a questo sistema?* Riflettiamo insieme. Naturalmente deve essere **consumato**. Un aspirapolvere è da escludere perché non si dissolve mensilmente in polvere, deve quindi trattarsi di qualcosa che si "esaurisce" ogni mese. Ciò è evidente, altrimenti non si genera un guadagno **passivo**.

"Passivo" non significa naturalmente che i soldi piovono dal cielo senza che si debba fare alcunchè. Come per ogni altra attività otterrete un guadagno passivo solido solo se prima avrete fatto qualcosa. Nel marketing del passaparola significa aiutare i vostri collaboratori a comprendere l'attività finchè saranno in grado di gestirla autonomamente. Si tratta in prima linea di sostenere le persone aiutandole nel costruire la loro attività. Più ci riuscite, meno il vostro reddito dipenderà dai vostri sforzi personali. Alla fine questo è anche il motivo per cui la maggioranza delle persone inizia con il marketing del passaparola.

In secondo luogo è importante che il prodotto sia adatto a **tutti**. Il mangime per cavalli viene consumato, ma chi possiede un cavallo? E il punto più cruciale: si deve trattare di un prodotto **importante**, di cui abbiamo veramente bisogno, un prodotto trendy, in un settore con un potenziale di crescita e con un futuro. Insomma, semplicemente qualcosa di geniale. Che possibilità esistono? Ci fu un'interessante discussione con un risultato univoco. Esiste un solo settore di questo tipo ed è il benessere, il fitness, il settore salute e anti-invecchiamento detto anche "Best aging". Poiché la mia azienda di prodotti naturali si muove esattamente in questo "trend di mercato" o "mercato in crescita" affermai che a mio avviso **chiunque** ha interesse ai nostri prodotti. Avreste dovuto sentire le proteste ... (ma era quello che volevo ottenere).

Nonostante tutto rimasi della mia opinione. Tutti oggi sanno che SI DEVONO mangiare almeno cinque porzioni di frutta e verdura fresca al giorno per poter assorbire tutte le fibre, le vitamine e i minerali necessari per essere alimentati al meglio. Una realtà nota è tuttavia che statisticamente si mangiano solo 1,2 porzioni al giorno ... Mi domando perchè le persone riflettono così poco su questo argomento.

Sostengo sempre che tutti hanno interesse alla prevenzione e a "Vivere più a lungo e sani ..." secondo il titolo di un libro neutrale di Anne Simons che descrive uno dei nostri prodotti principali, l'OPC.

Di recente durante uno spettacolo di cabaret ascoltai una frase assolutamente azzeccata sul tema "prevenzione": *Se io prevenissi dovrei ammettere che un giorno invecchierò!* Con ciò non si alludeva soltanto alla salute. L'ironia si riferiva anche all'ignoranza diffusa sul futuro problema delle pensioni. Per me è un altro indizio chiaro che non si possono scindere le due questioni.

E proprio quì a mio avviso sta la sfida. Tutti sanno dai media che esistono malattie della nostra civiltà legate all'alimentazione. Chiunque ha accesso a informazioni che provano chiaramente l'inconfutabile relazione tra le malattie della nostra società civilizzata, il nostro processo di invecchiamento e determinate sostanze alimentari. Ma perché molte persone non se ne preoccupano? Max Planck ha formulato la questione in modo molto preciso:

> *La verità scientifica non si afferma convincendo gli oppositori ma piuttosto per il fatto che gli oppositori muoiono progressivamente e la generazione successiva cresce già dagli inizi con le nuove concezioni.*

Peccato per le molte persone che nel "frattempo" crescono e vivono senza (più) poter fare questa esperienza ... Ma che succederebbe se la cosa fosse vera, se gli innumerevoli studi sulle sostanze alimentari e gli antiossidanti avessero ragione? E voi non seguite questa indicazione? Non la esaminate di nuovo? Non continuereste a informarvi? Mano sul cuore, sarebbe saggio non seguire un consiglio così importante? Ce lo possiamo permettere?

Raccontai agli svizzeri una storia molto semplice, nota a tutti: *Cosa succede alla mela se la taglio a metà?* La superficie diventa marrone. *E perché?* Solo pochi conoscevano la risposta, questo fenomeno è dovuto all'ossigeno, ai radicali liberi, al processo di ossidazione. Il ferro si arrugginisce a causa dello stesso fenomeno. Proseguii chiedendo: *Cosa possiamo fare per impedire questo processo?* (Quasi) tutte le casalinghe hanno la risposta: bisogna versarvi del succo di limone. *E perché il succo di limone? Cosa contiene?* Chiaro, vitamina C. E questa vitamina C impedisce per circa quattro ore l'ossidazione, "l'invecchiamento" o "l'arrugginire" della mela. Questo perché la vitamina C è un potente antiossidante. Supponete che le ricerche più recenti su questo tema abbiano ragione e che gli antiossidanti, chiamati anche cacciatori di radicali, possano agire nei nostri corpi. Se vedeste confermata la letteratura scientifica sul vostro corpo potreste tenere tutto per voi? Potreste **NON** raccontarlo alle persone che amate? Mi immagino spesso i libri di storia che verranno scritti nel 2050. Nella mia fantasia leggo:

All' inizio del 21° secolo le persone avevano già scoperto gli effetti degli antiossidanti trovando così una soluzione ai gravi problemi legati alle malattie della società, ma inspiegabilmente un misto di ignoranza, pigrizia e attaccamento a vecchi schemi mentali fece sì che fossero necessari ancora decenni prima che queste conoscenze si diffondessero nelle teste delle persone e se ne facesse uso ...

Marketing del passaparola o rete di consumatori

Noi intendiamo il marketing del passaparola come una pura rete di consumatori. Si tratta di una forma di network-marketing in cui il volume di qualificazione in generale è talmente basso che può essere raggiunto solo con la copertura del proprio fabbisogno personale (pensate al pieno di benzina). Ognuno può, raccomandando questo sistema o dei prodotti, costruire il proprio team senza mai dover vendere merce all'acquirente finale e senza dover incassare denaro. L'acquirente viene per così dire agganciato direttamente all'azienda produttrice. E sebbene nessuno debba "vendere" merce, si generano fatturati che permettono all'azienda di distribuire provvigioni a diversi livelli. Tutti acquistano merci per il proprio consumo e tutti pagano lo stesso prezzo per i prodotti.

L'aspetto eccezionale di questa forma pura del marketing del passaparola è che si può costruire un reddito stabile, e soprattutto "passivo" e autonomo, attraverso un prodotto che nel migliore dei casi comunque ci serve e che si consuma mensilmente.

Catena di Sant'Antonio o sistema piramidale?

Un "fantasma" che si aggira nel nostro settore e che fa raggelare il sangue nelle vene a ogni nuovo collaboratore è la domanda: *Si tratta di un sistema piramidale?*

Questa domanda è molto importante e l'insicurezza a questo proposito mette in gioco il futuro di molti potenziali networker. Per questo voglio affrontarla in dettaglio subito all'inizio di questo capitolo. Il professor Zacharias, che al Politecnico di Worms insegna network-marketing come materia di studio, a questo proposito ha dato impulsi importanti nella sua brochure "Il settore di crescita del futuro". Sicuramente il timore non è immotivato, infatti in passato ci furono diverse aziende che non hanno lavorato in modo del tutto serio. Vennero eliminate dal legislatore che da allora vigila sul settore con grande attenzione. Secondo il professor Zacharias due sono le caratteristiche tipiche di un sistema piramidale:

1. L'acquisizione di nuovi collaboratori contrattuali porta provvigioni, cosicché la vendita reale diventa solo un fattore secondario.

Il pagamento nel network-marketing è invece legato al fatturato.

2. I prodotti vengono acquistati ogni volta dal livello direttamente superiore, vengono cioè pagati da livello a livello con un supplemento sul prezzo. (Ciò significa ad esempio che Anna paga un prodotto 10 euro e lo rivende per 12 euro a Beppe, che lo rivende per 13 euro a Cristina eccetera.)

La differenza rispetto al network-marketing è: in quest'ultimo i prodotti vengono acquistati direttamente dal produttore allo stesso prezzo per tutti i livelli gerarchici.

A chi desidera più informazioni sull'argomento, consiglio il libro del professor Zacharias "Beruf oder Berufung" (Lavoro o vocazione) pubblicato nell'anno 2005. Questo volume è particolarmente indicato per persone che hanno bisogno di numeri, dati e fatti. A pagina 66 trovate una spiegazione dettagliata delle differenze tra il marketing del passaparola e il sistema piramidale.

La WFDSA (World Federation of Direct Selling Associations), fondata nel 1978, rappresenta attualmente 50 associazioni nazionali di vendita diretta (AVD) a livello globale. Quest'associazione mondiale e tutte le AVD hanno da sempre riconosciuto la necessità di un comportamento imprenditoriale eticamente corretto, e per questo hanno sviluppato un codice comportamentale globale per il settore. Un'AVD nazionale può essere attiva a condizione che l'azienda si sottometta a questo codice. Possiamo essere certi che le aziende che sono membri di un'AVD nazionale e che vendono i loro prodotti con il sistema del network-marketing non siano in alcun modo sistemi piramidali internazionali. L'azienda con cui collaboro è membro di un'AVD e ottenne il riconoscimento "Best New Business 1998" al suo debutto in Inghilterra.

Quali sono i criteri per un'azienda che opera in modo legale?

I prodotti devono circolare

Distinguere i sistemi piramidali illegali dal network-marketing è molto semplice. Se i prodotti scorrono dall'azienda che rifornisce ogni collaboratore fino al consumatore finale alle stesse condizioni in modo orizzontale attraverso la stuttura di vendita piramidale, si tratta di un sistema di network-marketing classico e legale. Anche il denaro scorre orizzontalmente dal consumatore finale all'azienda. In questo caso il momento in cui ci si inserisce nel sistema non ha alcuna importanza, ed inoltre è assolutamente irrilevante quanti livelli si sono creati tra un nuovo collaboratore e l'azienda.

Michael Strachowitz, un noto network-trainer, di recente ha dato una spiegazione che ho trovato divertente e che mi ha anche dato uno spunto di riflessione:

Si ha sempre un sistema piramidale illegale quando il reddito delle persone che già fanno parte del sistema deriva dal denaro di ingresso di nuovi membri con la conseguenza che il sistema crolla immediatamente se non subentrano nuovi membri.

Perché adesso mi viene da pensare al nostro sistema pensionistico?

Penso di essere riuscita in questo modo a dissolvere i vostri eventuali timori e spero che ora possiate seguirmi attentamente se vi racconto qualcosa in più della mia storia.

Il network-marketing è un'attività legata al raccontare storie e al comunicare i propri alti e bassi …

L'importanza della storia

Questa citazione tratta dal libro "Dream Team" descrive una verità che mi era nota già da tempo a livello teorico. Devo ammettere di aver riconosciuto solo dopo diversi anni **quanto** sia importante questo punto e **quanto** questo sapere si applichi anche alla nostra attività. Oggi considero la propria storia personale il punto centrale.

La domanda centrale e più impellente per ogni nuovo collaboratore è: *Come mi rivolgo alle persone intorno a me?* Ve lo dico sinceramente, è completamente indifferente, l'importante è che **parliate** loro.

Ancora meglio se lo farete con intenzione ma **senza** un atteggiamento di aspettativa. Più spesso parliamo con una persona, tanto più frequentemente accadrà di parlare di un argomento nel cui contesto possiamo raccontare la nostra storia o inserire una frase che stimolerà il nostro interlocutore a chiederci cosa facciamo.

Dalla nostra esperienza sappiamo per certo una cosa sola: chi ha passione ed entusiasmo senza conoscenze avrà una partenza migliore di chi sa "snocciolare" perfettamente tutti i fatti e le cifre. Tra di noi ci sono casalinghe con sei figli, con nessuna conoscenza precedente, ma che con il loro entusiasmo riuscirebbero a sradicare alberi. D'altro canto abbiamo ingegneri e professionisti delle vendite che "sanno già tutto" e che per questo non sono molto disposti a imparare e quindi non hanno successo. Ho osservato spesso persone di notevole successo nella normale vita professionale fallire del marketing del passaparola. Semplicemente perché l'orgoglio impediva loro di accettare semplici fatti ... Ecco quindi la prima legge del marketing del passaparola:

> Non giudicare nessuno secondo il successo avuto finora e men che meno dalle sue conoscenze precedenti! Non decidere mai se qualcuno è adatto all'attività oppure no.

Fondamentalmente esistono molti modi per avviare un discorso. Alla fine è solo una questione di quote. Oggi posso dirvi con assoluta certezza che:

- ► Più spesso parlo con una persona, tanto più spesso mi si chiederà del mio lavoro.

- ► Più sono vicina a una persona, quindi più stretto è il contatto, tanto maggiore sarà la fiducia e quindi l'interesse per ciò che facciamo.

- ► Più conosco il **PERCHÉ** di una persona, quindi ciò che la incita a muoversi, tanto più ci sarà per lei una soluzione.

- ► Più sono brava nell'"ascolto attivo", tanto più avrò successo.

Ho deciso di raccontarvi in questo libro le cose che vi daranno le maggiori prospettive di successo. Dal mio punto di vista, il marketing del passaparola è un'attività da persona a persona e io lo amo particolarmente perché offre ad **ogni** persona, indipendentemente dall'età, dal sesso, dalla professione e dalla provenienza, la possibilità di avere successo. Per questo raccomando e insegno prevalentemente metodi **adatti a tutti** e quindi duplicabili. Ciò non significa che le altre possibilità non funzionino. Solo una cosa è certa: anche se fate parte delle poche persone che non hanno problemi a parlare davanti ad un folto pubblico, dovreste considerare un aspetto: il vostro gruppo sarà formato all'80 per cento da persone che non lo sanno fare.

Sono altrettanto sicura di un'altra cosa: meno conosciamo le persone con cui parliamo, più colloqui dovremo condurre. Questa è la ragione per cui parlo volentieri con persone che conosco. Questo si chiama il mercato "caldo". Naturalmente posso imparare a conoscere chiunque. Ecco perché sostengo: *possiamo trasformare ogni contatto "freddo" in un contatto "caldo"*.

Spesso capita anche che proprio i collaboratori appena entrati nell'attività con il loro entusiasmo raccontino troppo, oppure parlino di cose che non interessano il loro interlocutore. In questo caso subentra il rischio che egli si senta sopraffatto dalla massa concentrata di informazioni e si ritiri in un atteggiamento difensivo.

Il modo più efficace e innocuo per risvegliare l'interesse è quello di raccontare la nostra storia personale. Se raccontate la vostra storia in modo autentico e interessante è quasi inevitabile che il vostro interlocutore si incuriosisca e vi ponga delle domande. Potrete allora raccomandare questo o quel libro sull'argomento, oppure un altro strumento come ad esempio un audio-cd, una brochure o un articolo di giornale neutrale. Noi raccontiamo alle persone perché partecipiamo a questa attività, cosa ci ha convinto, come siamo arrivati a intraprendere questa strada e quali chance vediamo per realizzare il nostro futuro secondo i nostri desideri. Solo con le emozioni si possono costruire ponti da persona a persona.

È di Jörg Löhr, un noto trainer motivazionale, un'affermazione che continua a ronzarmi in testa:

> "La nostra epoca è determinata dalla comunicazione e dalle emozioni. Le macchine hanno sostituito i nostri muscoli, i computer i nostri cervelli. L'unica cosa che l'uomo ha ancora in modo esclusivo e che lo rende unico sono le sue emozioni."

In fondo sono una persona molto timida e mi sono giurata di parlare solo a persone che vogliono ascoltare ciò che ho loro da dire. Da questo intenso desiderio negli ultimi anni ho sviluppato un metodo di lavoro, che nel frattempo ha preso una "forma circolare". È un metodo che, se ben utilizzato, evita il rifiuto o lo esclude completamente:

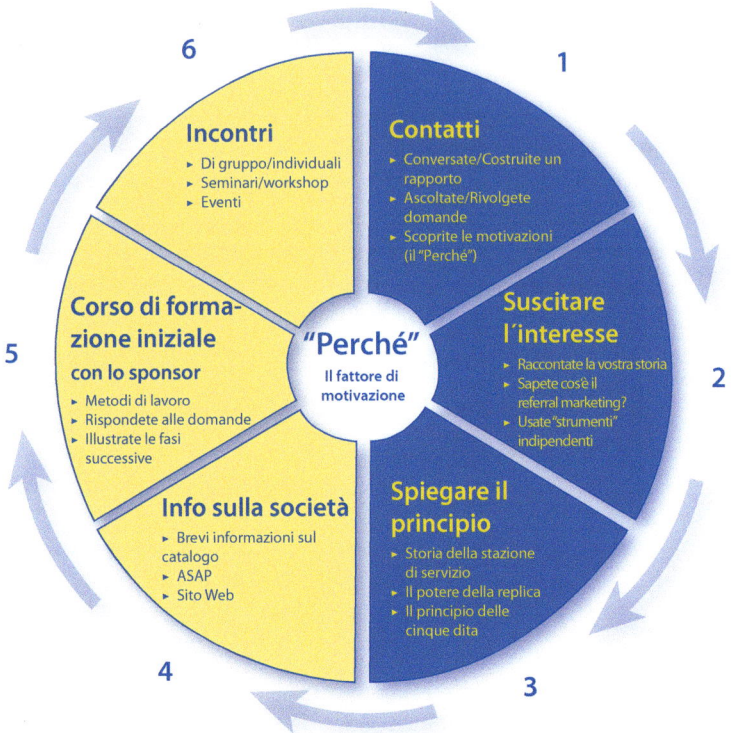

A mio avviso è importante sottolineare che questo filo conduttore è un aiuto e non una regola vincolante. Ci sono persone che semplicemente FANNO e non necessitano né di stampelle né di procedure predefinite. E va benissimo così! Anche gli sponsor esperti possono scegliere un'"andatura" più rapida, un elemento che nella collaborazione diretta con un nuovo collaboratore avrà una grossa influenza sulla velocità.

L'esperienza dimostra che i nuovi collaboratori entusiasti che si decidono per uno sviluppo rapido dell'attività hanno subito grandi successi grazie alla collaborazione diretta con uno sponsor o con un'upline che ha una certa esperienza alle spalle e questo avrà enormi effetti sulla motivazione.

In questo schema circolare il **PERCHÉ** si trova al centro (**PERCHÉ** sta per il motivo per cui si vuole modificare qualcosa nella propria vita). Sicuramente è di vantaggio conoscere il **PERCHÉ** del nostro interlocutore. Ci possono tuttavia essere anche situazioni in cui la sequenza sarà diversa. Prima o poi, secondo me, è comunque importante scoprire il **PERCHÉ**.

> Chi non ha un motivo per fare qualcosa,
> ha un motivo per non fare niente.

All'inizio troviamo il tema dei "Contatti". Il nostro successo dipende dal numero e dalla qualità dei nostri contatti (nel cerchio è il settore numero 1). Se durante un colloquio sono riuscita a risvegliare l'interesse del mio interlocutore, posso raccontare la mia storia.

Con la mia storia presento un'offerta indiretta e pianto un seme, dando al mio interlocutore la possibilità di reagire oppure no. Potete credermi, se qualcuno è alla ricerca di un cambiamento proverà interesse e vi porrà delle domande. Questo è indubbiamente un altro vantaggio importante:

> È lui che mi domanda, non sono io ad offrirgli qualcosa.

Notate la differenza?

Nel nostro "cerchio" segue ora la raccomandazione di uno strumento come ad esempio il libro o l'audiolibro "Da persona a persona". Questa procedura – usare uno strumento di lavoro (quindi un libro, un audio-cd, un articolo di giornale neutrale o quant'altro) – e non dover spiegare in prima persona è una parte importante del nostro sistema e presenta diversi vantaggi. In primo luogo è duplicabile perché chiunque lo può imitare.

La duplicabilità, tra l'altro, è l'elemento più **importante** quando abbiamo intenzione di costruire un'attività di successo. All'inizio, nella testa del nostro interlocutore ronzano probabilmente due domande:

1. *Posso farlo anch'io?*

e

2. *Ho il tempo necessario?*

L'interlocutore potrà rispondere positivamente a entrambe le domande se usiamo gli strumenti. Mi soffermo così dettagliatamente su questo punto perché nella mia esperienza pluriennale ho incontrato collaboratori che non hanno avuto grande successo perché spesso trascorrevano più di un'ora a SPIEGARE il sistema al loro interlocutore. Non c'è da meravigliarsi se solo poche persone si sentono in grado di farlo. Hanno questo problema, tra l'altro, tutti coloro che sanno spiegare BENE il sistema.

In secondo luogo ognuno può convincersi da sé. Oggi sono assolutamente certa che nessuno può convincere un altro di una certa cosa, ognuno può solo convincersi da sé. Per questo gli consiglio testi o strumenti di cui LUI ha bisogno. Ciò funziona molto semplicemente e senza pressione. Ognuno può leggere o ascoltare per conto proprio e POI decidere.

Quando abbiamo compreso che il marketing del passaparola funziona nel modo più semplice quando raccontiamo le nostre storie, diventa molto facile parlare con le persone. E quando il mio interlocutore proverà interesse mi porrà delle domande. Questo metodo – se si può chiamare metodo il raccontare storie – è assolutamente senza stress e senza restrizioni. Possiamo parlare con chiunque in modo disinvolto e spontaneo.

A questo punto i prodotti non sono ancora entrati in gioco. Il perché ce lo spiega Richard Poe nel suo libro "Wave 4":

Ogni venditore è un narratore di storie. Nella maggioranza dei casi i venditori raccontano storie sull'applicazione e sui vantaggi dei prodotti e dei servizi che vendono. I networker raccontano un'altra storia. Raccontano di sé stessi, della loro vita, dei loro obiettivi, sogni e delle loro ambizioni.

Sapete come si distingue un networker esperto da un principiante?

> ## Il più esperto conosce più storie.

Questo è proprio vero. Chi ha più esperienza ha la possibilità di raccontare in qualsiasi momento una storia adatta, tratta dal suo repertorio. Anche in questo libro troverete un sacco di storie che hanno la meravigliosa caratteristica che le ricordiamo anche dopo anni, quando la grigia teoria è già stata dimenticata da un pezzo.

Quando conduco un colloquio iniziale* con un nuovo collaboratore, egli può subito contare su almeno due storie: la mia, che dovrebbe assolutamente utilizzare finché avrà un suo reddito, e la sua. Uno dei miei primi compiti da sponsor è quello di "costruire" insieme la sua storia. Questo non significa naturalmente inventare. Si tratta piuttosto di trovare il **PERCHÉ** del mio interlocutore, cioè il "fattore motivazionale primario" come lo definisce Allan Pease, autore del bestseller "Perché le donne non sanno leggere le cartine e gli uomini non si fermano mai a chiedere?". Per noi svevi è il "fattore cruciale". Si tratta, in fondo, di scovare quale punto è talmente importante per il mio interlocutore da motivarlo a mettersi in movimento.

---

*Il colloquio iniziale è il primo training che conduco con il nuovo collaboratore. Si tratta di spiegargli l'ordine e compilarlo qualora non lo avesse ancora fatto, come avviene nella maggioranza dei casi. Un punto essenziale è la stesura di una lista di contatti durante la quale si discutono le prime possibilità di contatto ("cosa per chi?"). Affronto con il collaboratore i primi passi e rispondo alle domande che gli sorgono a questo punto. Un modello aggiornato per il colloquio iniziale si trova anche all'indirizzo web www.mitgliederbereich.com.

La mia storia in dettaglio

Quando nell'agosto 1993 per la prima volta entrai in contatto con il nostro settore riconobbi subito la chance racchiusa in questa opportunità. Non avevo il minimo dubbio che avrei avuto successo con questo sistema. Riconobbi immediatamente che tutto dipendeva **esclusivamente** dal mio impegno ed ero disposta a mettercela tutta. Ciò significa pagare il prezzo.

Per me era un dato di fatto che avrei dovuto lavorare duramente per un paio d'anni per arrivare a godere di un reddito passivo, l'obiettivo di un networker. Allora ero madre-single di mio figlio Tim che aveva otto anni e lavoravo al 75 per cento presso un centro all'ingrosso di materiale tecnico. A causa degli impegni scolastici ed educativi di mio figlio non avevo praticamente possibilità di fare carriera. Non sembrava inoltre che la mia situazione economica avrebbe avuto qualche picco luminoso.

Dopo soli sei mesi di attività in parallelo alla mia professione principale potei lasciare il mio lavoro, un grande sollievo sebbene per 17 anni avessi lavorato con molto impegno per quella ditta. Il mio lavoro mi piaceva e poiché mi occupavo da 30 anni del tema alimentazione divenni presto una relatrice di seminari e trascorrevo molti fine settimana partecipando a convegni. Oggi penso che così ho irrimediabilmente perso del tempo prezioso per l'educazione di mio figlio. Questo è uno dei pochi aspetti della mia vita che avrei voluto cambiare ... Ora credo sia importante che l'attività si integri in modo armonico nella vita familiare.

Nel 1996 avvenne qualcosa che mise sottosopra la mia vita: conobbi il mio compagno Manfred (io lo chiamo "Wissi"). Buttai a mare tutti i miei propositi e le mie opinioni sulle relazioni e sugli uomini e mi limitai ad amarlo. Subito iniziarono i problemi. Il primo nacque perché Manfred lavorava prevalentemente nei giorni feriali. Io, a causa dell'impegno regolare a partecipare ai seminari di due giorni, lavoravo soprattutto durante il fine settimana. La sfida successiva emerse per il fatto che Manfred ancora prima che ci conoscessimo aveva prenotato una vacanza di tre settimane in Sudafrica. Per me era un periodo **troppo** lungo perché per la mia azienda di allora dovevo vendere merce per alcune migliaia di marchi per ottenere le provvigioni su tre livelli. Come si fa a vendere merci di questo importo se si trascorrono tre settimane in Sudafrica? D'altra parte, il pensiero di trascorrere lontano da Wissy e a 8.000 chilometri di distanza il nostro primo Natale mi era insopportabile. Allora per la prima volta misi in discussione il senso della mia attività. A quel punto riconobbi che avevo sì a che fare con un'attività di network ma che l'attenzione si concentrava sulla vendita diretta anche solo per il piano di remunerazione. E improvvisamente riconobbi che non avevo alcun reddito passivo.

> Mi chiesi: *Che succede se ti ammali? O se perdi la voglia di lavorare?*

Comunque trascorsero ancora due anni finché alla fine del 1998 conobbi durante un seminario Don Failla. Avevo frequentato quel seminario perché allora i nostri "strumenti" di lavoro come annunci e volantini non funzionavano bene e molti dei miei collaboratori avevano problemi a raggiungere il loro volume di qualificazione (cioè la quantità di prodotti che bisognava vendere per ottenere le provvigioni necessarie per la costruzione del gruppo). Niente volume, niente assegno. Volevo dare al mio gruppo un nuovo strumento per ritrovare energia. Il mio team era prevalentemente costituito da giovani madri con figli e ricordo ancora oggi con rammarico come la mattina presto si alzavano a distribuire volantini nelle cassette delle lettere prima che i loro figli si svegliassero. E questo ogni giorno. D'estate va ancora bene, ma immaginatevi d'inverno!

Don e Nancy Failla sono network-trainer molto noti e ciò che raccontarono durante quel seminario mi impressionò profondamente:

> "Il vero marketing del passaparola non ha niente a che fare con la vendita. Qui si tratta di molte persone che usano il loro stesso prodotto. Se hai un buon prodotto cercati cinque amici con i quali vuoi avere successo e aiutali a parlare con i loro amici. Così tu non dovrai mai più parlare con estranei."

Ancora oggi le parole di Don mi risuonano come musica nelle orecchie: *Chiunque può incontrare uno sconosciuto se gli viene presentato da un amico*. Ognuna di queste cinque persone ha almeno 100 individui nella sua cerchia di conoscenti. Tra queste si trovano sicuramente almeno cinque persone che vogliono seriamente cambiare la loro vita.

Ero entusiasta dell'idea semplice ed essenziale del network e prenotai immediatamente mille copie dei libri di Don "Il vostro futuro". Non dover mai più pubblicare annunci né parlare con sconosciuti, mai più dover distribuire volantini nelle cassette postali! Subito riunii il mio team e spiegai ai membri la semplice via per avere successo. Basta vendite, che gioia! Ognuno sponsorizza solo cinque amici e parla con i loro amici. Entusiasti, ci mettemmo subito al lavoro per constatare dopo alcune settimane che non funzionava più nulla. E perché? A causa del volume di qualificazione dovevamo vendere per ottenere le nostre provvigioni. In quel momento percepii per la prima volta veramente la differenza tra vendita diretta e marketing del passaparola. Io non volevo più vendere. Volevo insegnare e mostrare ad altre persone come raggiungere il loro obiettivo. In quel periodo leggevo tutto ciò che mi capitava tra le mani. In un libro di Edward Ludbrook trovai la seguente citazione:

"Dovete porvi la domanda se guadagnate anche se non lavorate. Se rispondete no, vi trovate in trappola come il 99 per cento delle persone."

E lì stavo, non vedevo alcuna soluzione. In quel periodo non conoscevo alcuna azienda con un volume di qualificazione così basso che potesse essere coperto solo dal proprio consumo. Oggi so che le occasioni si presentano quando si è pronti e aperti per riceverle.

La mia occasione si presentò nell'aprile 1999. Si manifestò come annuncio di un'azienda che richiamò la mia attenzione per una foto di Don e Nancy Failla. Realizzai subito che se Don Failla pubblicizzava un'azienda, doveva trattarsi di una ditta in sintonia con il suo libro. Ciò mi interessò naturalmente moltissimo e iniziai a occuparmene. Mi impressionò il fatto che si trattasse di un'azienda con radici che andavano indietro fino all'anno 1936. In quel periodo avevo già 44 anni e il fatto che si trattasse di una solida azienda di famiglia mi dava molta sicurezza nella mia decisione. La gamma di prodotti senza additivi chimici fece il resto e il piano dei bonus corrispondeva assolutamente al mio obiettivo di rendermi completamente indipendente. Riconobbi dopo sei anni nel settore che quel piano-marketing senza investimento iniziale era davvero realizzabile per chiunque e quindi **duplicabile**. E che già per questo motivo si trattava di una pura **rete di consumatori** come l'avevo sempre sognata.

I miei obiettivi allora erano ancora piuttosto limitati. Don Failla li formulò in questo modo: *Immaginate di aver pagato il mutuo per la casa e la rata per la macchina e di disporre ancora, sia che la mattina vi alziate dal letto oppure no, di un reddito passivo di 5.000 euro.* Questo era il mio obiettivo iniziale. 5.000 euro erano una bella somma e sarebbe bastata per garantire a me e a Wissi una bella vita. Dopo tutta l'esperienza accumulata sapevo che si trattava di un'occasione ideale. Un regalo dal cielo, un terno al lotto su un vassoio d'argento!

L'uccello parlante

Bill Evans, uno dei fornitori dell'azienda, raccontò una storia meravigliosa:

> *Un uomo vide un uccello che sapeva pronunciare 400 parole e cantare arie in due lingue. Era davvero affascinato da quest'animale, e poiché si avvicinava il compleanno della madre decise di regalarle questo uccello. Chiese del prezzo. 50.000 dollari non erano una sciocchezza, ma per un uccello in grado di pronunciare 400 parole e cantare arie in due lingue ... L'uomo si fece impacchettare l'animale e lo inviò alla madre. Dopo alcuni giorni telefonò alla madre e chiese come trovasse l'uccello. Lei rispose: Era squisito!*

Quanto spesso dimentichiamo di spiegare proprio ai nostri nuovi collaboratori che abbiamo un uccello che pronuncia 400 parole e canta arie in due lingue?

Sogni e obiettivi

Senza obiettivi niente sogni.

Con questo capitolo voglio motivarvi a riprendere i vostri sogni e ad avere fiducia in voi e nelle vostre capacità. E a farne il giusto obiettivo. Voglio indicarvi un'opportunità per far sì che il lavoro sia divertente, tanto che, se lo si svolge correttamente, non lo si può neppure definire lavoro. Un'opportunità nella quale nessuno vi chiede quale formazione avete e da dove venite. Nessuno vi esclude perché magari siete troppo vecchi o perché non siete del giusto sesso. Sono affascinata dall'idea di poter costruire un'indipendenza economica con le persone che mi stanno a cuore.

Non è necessario dimostrare che il sistema funziona perché io l'ho già fatto ...!

Nel 1999 iniziai con il marketing del passaparola senza capitale e senza costi fissi. Oggi non devo più lavorare da un pezzo e possiamo scegliere dove vogliamo vivere. In ogni caso vicino all'acqua. Ci godiamo la vita nella nostra bellissima casa con vista mare sulla nostra isola preferita Mallorca (nel mio sito www.gabisteiner.de trovate alcune immagini ed impressioni dell'isola) o in un meraviglioso attico sul lago di Costanza. Il mio attuale introito mensile ha già superato da anni l'ammontare del mio reddito annuale del passato.

Ogni giorno sono grata per la mia vita. E sono molto grata di poter mostrare quest'opportunità anche ad altre persone. Avete mai avuto paure esistenziali nella vostra vita? Io sì e so per certo che farei di tutto per non provare più quelle sensazioni.

Come detto, non è più necessario dimostrare che il sistema funziona, ora si tratta solo di verificare come funziona e soprattutto come funziona **per voi**. Per questo motivo ho scritto questo libro. Troppo bello per essere vero? Niente affatto. Perché io vi dimostro anche che il successo e l'indipendenza economica sono correlati con il lavoro. O meglio, con l'impegno. Vi spiego sinceramente cosa è necessario fare per arrivarvi. Io vi mostro che, per ottenere un reddito passivo, sono richiesti inizialmente impegno individuale, lavoro e soprattutto pazienza e assiduità, che bisogna superare ostacoli e che gli impedimenti ci aspettano al varco. Ma ne vale la pena ...

Spesso mi viene chiesto quanto guadagnassi nei primi mesi. Non è facile dirlo perché **tuttora** vengo remunerata per il lavoro dei primi mesi ... Per esempio già sulla mia seconda fattura del maggio 1999 troverete i nomi di Lissy, Erika e Matilde. Erika si trova oggi a "livello diamante" (diamante è il livello più alto raggiungibile in un piano marketing). Erika fa parte del team di Lissy. Werner e Lissy raggiungono attualmente un fatturato annuale di circa 12 milioni di euro. Il gruppo di Matilde raggiunge i 4 milioni di euro. Potete immaginarvi le mie entrate degli ultimi cinque anni? E ancora meglio: potete immaginarvi quali **saranno** le mie entrate nei prossimi anni? Che opportunità ... e tuttavia non vi potete immaginare quante persone si lasciano derubare di una grande opportunità per delle piccolezze ...

Esiste un'unica differenza: Se 100 persone nel libero mercato si candidano per un posto di lavoro, solo cinque hanno forse il titolo di studio o la qualifica richiesti. Gli altri sono o troppo vecchi, o troppo grassi, non abbastanza istruiti oppure troppo ... che ne so ... e **vengono** esclusi ...

Se nel marketing del passaparola iniziano 100 persone, tutti hanno le stesse possibilità. Ognuno può solo escludersi da **solo**:

- *Ma qui si tratta solo di vendere ...* – e già sono solo in 99.

- *Non ho tempo ... – 98*

- *Mio marito non me lo permette ... – 97*

- *Ma è un sistema piramidale ... – 96*

- *Non sono capace ... – 95*

- Eccetera, eccetera, eccetera.

A questo punto voglio raccontarvi di un fenomeno su cui mi scervello da anni e a cui non ho ancora trovato risposta. Se qualcuno vuole diventare fabbro o infermiera decide di intraprendere una formazione. In questo momento sa benissimo di non sapere nulla. Sa solo che dovrà studiare per almeno tre anni per acquisire tutte le competenze.

Nella mia quotidianità osservo ogni volta con stupore che una persona già al primo giorno, in un momento in cui non ha ancora alcuna informazione e alcuna formazione, è convinta di non poter riuscire a fare l'attività. Capite cosa intendo? Anni fa mi capitò di sentire un detto che contiene molta verità:

> Il network-marketing è come un'autostrada nella nebbia, guidi per 100 metri e solo dopo vedi il tratto di strada successivo.

Anche noi abbiamo bisogno di un periodo di formazione in cui provare i prodotti e conoscere il settore. Dirk Jakob, uno dei nostri trainer motivazionali preferiti, consiglia a tutti di crearsi una biblioteca con almeno dieci "strumenti". Già sapete che gli strumenti sono cd, libri, video e brochure sul settore. Questo è importante in primo luogo per la nostra sicurezza, per la nostra sensazione "di pancia", e in secondo luogo disponiamo di uno strumento da dare ad altri. So per esperienza che il team cresce tanto più velocemente quanto più vengono usati gli strumenti. Non esiste altra attività che dipende tanto dalla nostra impostazione e dalla nostra convinzione.

> Non importa se una persona pensa di poterlo fare o no, ha comunque sempre ragione.

Spesso faccio il paragone con l'andare in bicicletta. Se saliamo per la prima volta su una bicicletta sappiamo che dobbiamo usare i pedali, sappiamo teoricamente anche che dobbiamo guidare, ma sappiamo andare in bicicletta? No. Cosa ci manca? Giusto, l'equilibrio. Se l'abbiamo, e si tratta di un piccolo momento, allora nessuno ce lo toglierà più. Lo stesso è nel marketing del passaparola. Amo i momenti in cui noto che uno dei miei protetti ha raggiunto l'equilibrio e improvvisamente tutto funziona facilmente. Improvvisamente i colloqui diventano un divertimento, si racconta perché ci si diverte e non perché si ha in testa di guadagnare un nuovo collaboratore.

> Ci sono leggi che senza dubbio portano al successo se le si segue. E per questo sono sicura: anche voi potete ottenere ciò che ho raggiunto io.

Al di là dei risultati economici, il miglior successo per un vero networker è vedere il collaboratore, sul quale ha puntato, trasformarsi da persona titubante, piuttosto paurosa e di scarso successo in una personalità radiosa e ammirata che ha in mano la propria vita e cresce diventando a sua volta modello e stimolo per molti altri.

Questa è una citazione di Strachowitz che lessi alcuni anni fa e a cui penso ogni volta quando, in occasione di grandi eventi, mi trovo sul palco con la pelle d'oca e osservo lo sviluppo che molti hanno fatto. Un esempio è Erika, la cui storia è già nota a livello europeo (vi ricordate della mia seconda fattura?). Erika era una casalinga sveva e madre di cinque figli. Dopo che i suoi figli erano diventati autonomi voleva fare qualcosa per sé. In tre anni raggiunse il livello diamante e quando sul palco racconta la sua storia ci si rende davvero conto quanto la sua storia sia incoraggiante. Questo è tra l'altro un motivo molto importante per cui i nuovi collaboratori dovrebbero vedere al più presto possibile "il quadro complessivo" durante un evento o un training.

Dopo aver raggiunto un determinato volume, i nostri collaboratori vengono invitati dalla nostra azienda negli USA. Per Erika questo avvenne molto presto e lei ne fu naturalmente entusiasta. I vicini attenti nel suo piccolo paese notarono naturalmente i preparativi del viaggio. Una vicina chiese: *Ma come, vai in America in vacanza?* Erika rispose orgogliosa: *No, è un viaggio di lavoro.* Pensate che i suoi conoscenti avrebbero immaginato una cosa simile? Probabilmente Erika meno di tutti l'avrebbe ritenuto possibile. Ma lei era sempre pronta a imparare e in Lissy aveva uno sponsor eccezionale.

> I networker che ambiscono a una vera leadership credono fermamente al potenziale presente in ognuno dei loro collaboratori. Essi sentono a loro volta che c'è qualcuno che crede in loro, magari per la prima volta nella loro vita, e già solo per questo si arricchiscono enormemente.

E questa fiducia è molto importante soprattutto in Germania dove l'invidia non è rara. Il detto *"la compassione è regalata, l'invidia va conquistata"* si addice perfettamente in questo caso. Il successo nel nostro settore dimostra a chi ha detto no che in fondo non aveva ragione e ciò non piace a molti. Dovrete convivere con l'invidia se intraprendete questo percorso. Dovete sapere che:

> ## Un obiettivo è un sogno con la data.

Prima di iniziare abbiamo bisogno di un obiettivo e per giunta di uno abbastanza concreto. Ci deve motivare. Solo allora saremo in grado di fare qualcosa per raggiungerlo e anche per sopportare le sconfitte e l'invidia con cui necessariamente saremo confrontati. Questa è semplicemente la mia esperienza. A chiunque piacerebbe avere più soldi, ma solo chi ha un obiettivo è anche disposto a mettersi in movimento per raggiungerlo. Obiettivi veramente grandi non si raggiungono esclusivamente raccomandando dei prodotti, ma solo costruendo un'organizzazione stabile. Per questo sono necessari anche dei dirigenti. Per questo cerchiamo persone con obiettivi.

> Se pubblicizzi dei prodotti
> avrai dei clienti,
> se pubblicizzi un'opportunità di impresa
> avrai degli imprenditori,
> se pubblicizzi una visione
> avrai dei leader.

Chi è indicato per tutto ciò? Chiunque voglia qualcosa che ancora non ha. E più lo desidera, tanto più è indicato. Ci sono tanti libri che descrivono quanto siano importanti gli obiettivi. Uno di questi ("Erfolgreiche Zielsetzung" – Obiettivi di successo – di John Church) mi è capitato di recente tra le mani e mi ha affascinato per la chiarezza e la comprensibilità degli esempi che da allora uso spesso e che voglio assolutamente trasmettervi. John Church durante i suoi seminari chiedeva ai partecipanti quante auto blu avessero visto sulla via per raggiungere il seminario. Naturalmente nessuno sapeva mai rispondere. *Ok, vi darò 10 euro per ogni targa di un'auto blu che vedrete sulla via del ritorno.* In questo caso vedremmo **ora** delle auto blu? Sicuramente. Questa è la ragione per cui degli obiettivi chiaramente definiti sono tanto importanti. L'obiettivo spiega al vostro cervello quali occasioni dovete riconoscere (le auto blu). **Cosa succede se non abbiamo alcun obiettivo chiaramente definito?** In questo caso il nostro cervello non si concentra su nulla. Attraversiamo semplicemente la vita e perdiamo milioni di opportunità con le quali potremmo pressoché raggiungere tutto. Questo è fenomenale. Mi stupì anche la sua domanda: *Si può non raggiungere un obiettivo?* Si può? Riflettete!

No, non si può! (A meno che non si muoia prima.) Si può modificare il proprio obiettivo. Ammettiamo che il vostro obiettivo sia di perdere peso. Deciderete allora di cambiare la vostra alimentazione e di camminare un'ora ogni mattina. Il mattino dopo vi alzate e notate che le scarpe da ginnastica sono sporche, i pantaloni sono da lavare, sembra che pioverà e inoltre avete così tanto da fare che il tempo oggi è **veramente** limitato. Il vostro demone interiore vince e oggi non farete alcuno sport. Ma sicuramente lo farete di nuovo domani ... Quanto spesso succede che qualcosa ci sembri più importante e subito abbiamo cambiato il nostro obiettivo. Credetemi, parlo solo per esperienza personale.

> Non esiste l'insuccesso, solo un successo che
> non si è realizzato abbastanza presto.

Per raggiungere il vostro obiettivo è di grande aiuto creare la sensazione che proverete quando lo avrete ottenuto.

Collage di obiettivi

Una buona possibilità di dare ordini concreti al nostro cervello è di realizzare un collage di obiettivi. Io lo faccio molto volentieri, soprattutto con i nuovi collaboratori, e ogni volta ci divertiamo moltissimo. "Dream Building", il risveglio dei sogni, è come "l'ascolto", una qualità ben pagata. Quanto prima il nostro interessato considererà il marketing del passaparola come un'opportunità per la realizzazione del suo obiettivo, tanto più rapidamente accetterà la nostra offerta. Come ho già detto: non accetto il guadagnare soldi come obiettivo – importante sono le cose che vogliamo raggiungere – e solo nei casi più rari si trovano in ambito materiale.

Vorrei a questo punto raccontarvi la mia storia dell'anno 1995. Allora ero ancora una madre-single, mio figlio aveva dieci anni. Quattro anni prima, nel 1991, prima che i prezzi immobiliari crollassero, avevo acquistato una casa di proprietà. Il 1995 fu il mio anno più nero. A causa di svariate circostanze e di una campagna diffamatoria contro la mia azienda di allora, il mio guadagno si ridusse nel giro di sei mesi a circa 2.500 marchi. Questa somma non è di per sé poco, era tuttavia tragicamente bassa se si considerano i costi fissi di 6.000 marchi. Senza un compagno sulla cui spalla avrei potuto piangere e con la responsabilità di un figlio non sempre facile, il leasing per l'automobile, le rate della casa e senza quasi alcuna entrata le cose mi andavano di male in peggio. Non potevo più lavorare. Alcune volte la mattina non volevo nemmeno aprire gli occhi, non volevo più pensare.

In quel periodo una delle mie collaboratrici venne da me e disse: *O fai qualcosa per uscire da questa desolazione o io smetto*. Poiché lei faceva parte di uno degli ultimi due miei gruppi attivi, la sua minaccia mi sconvolse e mi svegliò. Davvero non me lo potevo permettere. Mi propose di partecipare ad un seminario tenuto da una persona che nonostante la situazione generale negativa riusciva nella stessa azienda a realizzare buoni tassi di crescita. Il suo seminario si svolgeva ad Augusta e costava allora 400 marchi. *Sei pazza*, dissi a Monika. *Non mi posso permettere di frequentare un seminario da 400 marchi!* Lei mi rispose con una frase di immenso significato che ancora oggi cito spesso. Semplicemente mi disse: *Non puoi* *permetterti di **non** frequentare il seminario.* Ci andai. Sapete cosa pretendeva quell'uomo? Ci fece ritagliare delle foto da incollare su cartone!

Io ero inorridita – avevo racimolato i miei ultimi spiccioli, ero andata ad Augusta per ritagliare foto per un collage di obiettivi! Per farla breve, non rimasi arrabbiata a lungo. Ne riconobbi l'importanza e quei due giorni furono per me davvero decisivi. L'uomo disse alcune cose che mi toccarono molto e ci diede una formula importante che ho interiorizzato e che ripeto in ogni occasione:

> Pensare + agire = successo!

Lasciate sciogliere questa formula sulla lingua. Cosa significa? Puoi lavorare come un mulo, ma se hai l'impostazione "tanto non funziona" non funzionerà. Puoi sedere in un angolo e pensare positivo come tutti gli esoterici del mondo messi insieme, se non passi all'azione non servirà a nulla.

Stranamente ricominciai a lavorare e quattro mesi dopo il mio assegno aveva già raggiunto il vecchio ammontare. Cosa era cambiato? Devo confessarvi: la situazione era ugualmente negativa. Dovevamo spiegare molto, darci molto più da fare per avere lo stesso successo. Avevamo bisogno di una quota doppia. Era un lavoro durissimo, ma il mio assegno andava di nuovo verso l'alto. Avevamo toccato il fondo e imparato una cosa importantissima:

Non sono le circostanze, quelle sono uguali per molte persone. Non si tratta neanche dell'economia e nemmeno della politica (sebbene essa sia naturalmente molto utile come capro espiatorio). Non è neanche colpa del tempo, né del destino e tanto meno del nostro compagno. È questione solo e semplicemente dell'atteggiamento che abbiamo.

Il collage di obiettivi che allora avevo creato nel frattempo è stato realizzato. Ok, lo ammetto, devo ancora lavorare al BMI (Body-Mass-Index). Nel 1996 conobbi Wissi. Nel 1999 iniziai con la mia azienda attuale. Nel 2000 visitammo le Maldive. Nel 2001 ci trasferimmo nella casa sull'Ebnisee e nel 2002, su consiglio del mio commercialista, comprai la piccola auto bassa color argento. Nel 2003 si è realizzato un sogno che non si trovava ancora nel mio collage: una seconda casa a Mallorca.

Il nostro cervello è incredibile. Fatelo lavorare per voi ... immaginate come vi sentirete quando avrete raggiunto il vostro obiettivo. Sviluppate poi un desiderio ardente di raggiungerlo in modo da essere in grado di modificare la vostra vita conformemente alla vostra immaginazione. Questo ha molto a che fare con i vostri **PERCHÉ**.

Il PERCHÉ

L'obiettivo deriva dal **PERCHÉ**. Se qualcuno non ha un **PERCHÉ** allora si metterà magari anche in movimento, ma al primo colpo di vento contrario si abbatterà.

Allan Pease scrive nel suo libro "Una domanda stupida è meglio di quasi ogni saggia risposta":

> *Non ha senso presentare il piano-marketing prima che abbiate individuato il fattore motivazionale primario di un candidato e averlo a tal proposito messo in agitazione. (...) Trovate i fattori scatenanti, attivateli e la creazione del vostro network sarà facile e semplice.*

È quindi anche una questione di sequenza:

> Se PRIMA rendete consapevole un problema e POI offrite una soluzione avrete una posizione decisamente migliore rispetto al caso in cui offrite una soluzione e dovete poi spiegare il problema.

Se offro ad un top manager un guadagno extra non ho probabilmente alcuna possibilità di interessarlo con la mia proposta. Probabilmente guadagna già così tanto denaro da avere un altro problema: quello di non avere tempo per spenderlo. Inoltre sappiamo che chi guadagna abbastanza si assume anche molta responsabilità legata al fatturato con relativi rischi e alla fine deve scambiare tempo per soldi. Possiamo presupporre che della sua famiglia conosca solo le foto sulla sua scrivania, quindi non vorrà sicuramente avere un altro lavoro sulle spalle. Cosa succederebbe tuttavia se mi intrattenessi con lui sul valore del tempo e all'occasione giusta chiedessi: *Cosa diresti se ti mostrassi una possibilità di creare in pochi anni una seconda attività che potrebbe diventare quella principale senza che tu debba rinunciare alla sicurezza del tuo attuale posto di lavoro?*

Il mio motto è:

> ### Individua cosa vuole il tuo interlocutore e aiutalo a raggiungerlo.

Se lo fate veramente **non potete sbagliare nulla!** Mentre scrivo, noto quanto tutto sia facile e semplice o comunque appare così. Tuttavia posso rivelarvi che proprio qui si fanno i maggiori errori. So per esperienza che questo punto viene trascurato nella maggior parte dei colloqui. Proprio i nuovi collaboratori inondano i loro amici di informazioni senza avere la più pallida idea di ciò che l'altro vuole.

Individua – questo in fondo contiene già tutto. "Individua" significa: *Ascolta! Cosa vuole – e come può coincidere la mia offerta con il suo obiettivo?* Durante il nostro training per principianti trattiamo dettagliatamente i vari **PERCHÉ**. Vi voglio presentare alcuni esempi:

Il valore del tempo

Alcuni anni fa partecipai con Wissi ad un "Forum per la carriera" a Francoforte. Era un seminario con molti relatori famosi. Anche io frequento spesso seminari di questo tipo per ricevere nuovi impulsi. Jörg Löhr era uno dei relatori. Quando dopo la pausa rientrammo nella sala ci chiese di guardare sotto le nostre sedie. Ognuno di noi trovò un metro incollato con nastro adesivo di 100 centimetri di lunghezza. *Adesso strappate all'altezza della vostra età*, ci chiese. Io allora avevo 46 anni. *Strappate a 79 se siete una donna, a 72 se siete un uomo.* Piano piano cominciavamo a capire ... *e togliete ancora tre linee se non fate alcuno sport e altre due se fumate. Guardate cosa è rimasto.*

Questo esercizio mi colpì molto e lo racconto spesso. A volte aggiungo: *Se siete soddisfatti e felici di quello che fate, continuate. Ma se non lo siete cambiate e subito. Se non ora quando? Il tempo è troppo prezioso.*

Il tempo è il bene più prezioso in assoluto. Sapete dalla mia storia che questo era per me la questione principale, e dalla mia esperienza con il team ho imparato che la possibilità di crearsi un'entrata passiva che regali più tempo libero è anche il motivo per il quale le persone dimostrano il maggior interesse. Ritengo sia oggi un grande lusso poter giocare a tennis la mattina quando tutti devono lavorare, passeggiare, andare in barca e avere tempo per tutte le innumerevoli cose che per me sono veramente importanti.

Sviluppo della personalità

Il marketing del passaparola è la scuola migliore per lo sviluppo umano che sia mai esistita. Le capacità necessarie nel marketing del passaparola sono le stesse che generalmente ci rendono persone migliori. Ciò significa che ciò che imparate con noi, vi è comunque utile nella vita. Dirk Jakob esprime questo concetto in modo meraviglioso: **ESSERE – FARE – AVERE**. Qui si tratta di ciò che noi **SIAMO** e non di ciò che **DICIAMO**. Sono convinta che il 95 per cento della comunicazione tra le persone si svolge a livello inconscio. Non importa **cosa** dite se non corrisponde alla vostra reale convinzione. Questa è la ragione per cui abbiamo tanto bisogno di convinzione.

> Ciò che SEI parla così forte che non
> riesco a sentire quello che DICI.

Per questo non ha senso se fate tutto in maniera corretta ma ad esempio non siete sinceri con la vostra storia. I networker esperti lo sanno. E credetemi, è meglio che diciate onestamente: *La mia azienda mi ha licenziato inaspettatamente dopo 20 anni. All'inizio, ciò mi ha colpito molto, non riesco più a pagare le rate del mutuo e devo al momento fare molta attenzione al mio denaro. Ma ora vedo di nuovo una luce. Ho trovato una possibilità di ricostruirmi una vita senza rischi.*

In questo modo avrete più credibilità e successo che se girate con un'auto sportiva senza sapere con quali soldi pagare la benzina, rivolgendovi magari con nonchalance a qualcuno dicendo: *Mia moglie ha un'attività, magari puoi dare un'occhiata pure tu ...* Non risulterete autentici e avrete poco successo. Come già detto, non si tratta di ciò che **DICIAMO**, ma di **CIÒ** che siamo. Le persone intorno a noi lo notano, e non sarebbe la prima volta che degli amici si incuriosiscono perché hanno notato in noi un cambiamento. Anche il nostro aspetto riveste un ruolo importante. Per la prima impressione non c'è una seconda opportunità. Alcuni anni fa lessi una frase che suonava all'incirca così:

> Il tuo aspetto deve essere così gradevole da far sì che l'altro, con il primo sguardo, sosti su di te abbastanza a lungo perché possa riconoscere ad un secondo sguardo che sei una persona preziosa.

Per cui dobbiamo porci subito la domanda: alle altre persone do l'impressione che vorrei dare? Una cosa è chiara: Noi non possiamo **NON** dare un'impressione. O impressioniamo in modo positivo o in modo negativo. In fondo è logico. Io ho molti membri nel mio gruppo che dicono: *Anche se non avessi ricevuto alcun assegno ne sarebbe comunque valsa la pena. Ho imparato tanto ...*

Per sostenere lo sviluppo della personalità offriamo regolarmente seminari incentrati sull'ispirazione e la motivazione. Ingaggiamo prestigiosi e noti trainer i cui seminari costano generalmente tra i 100 e i 1.000 euro a partecipante. Grazie ai nostri gruppi delle dimensioni da 500 a 2.500 partecipanti e al fatto che non dobbiamo lavorare orientandoci al guadagno possiamo mantenere i costi molto bassi.

Durante i miei seminari mi piace parlare dei diversi tipi di convinzione o fiducia necessari nella nostra attività. La prima fiducia è quella nel vostro sponsor. Se non avete fiducia nella persona che vi presenta l'attività o se non vi è simpatica non l'ascolterete nemmeno.

Poi si aggiunge la conoscenza legata alla **necessità dei prodotti**. Sono davvero necessari? Sono molto importanti. Tanto importanti che affronterò questo tema anche successivamente. Poi viene naturalmente la fiducia nel settore e nell'azienda. Il settore è valido ed è un mercato in crescita? È possibile una crescita anche a lungo termine? L'azienda è seria? È giusto e corretto quello che faccio? La fiducia più importante e che spesso manca è la fiducia in sé stessi. Questa è la ragione per cui offriamo seminari per lo sviluppo della personalità. Lo sviluppo della personalità dei nostri collaboratori è molto importante per noi. Già per 15 o 20 euro potete frequentare da noi un super-seminario per lo sviluppo della personalità. L'opportunità di frequentare questi seminari a un tale prezzo è praticamente unica. A prescindere dal fatto che questi seminari fanno bene alle nostre convinzioni e alle nostre sensazioni, abbiamo la possibilità anche di invitare famiglia e amici, permettendo loro di dare una piccola occhiata al nostro team. Credetemi, ne varrà sempre la pena. I nostri ospiti avvertono che si tratta di qualcosa di speciale.

Ecco un paio di reazioni entusiaste che riceviamo dopo ogni seminario sul sito web del nostro team.

Ciao cara upline,

la mia downline e io vogliamo innanzitutto ringraziarvi di cuore per questo seminario eccezionale. Non tutti possono spendere 980 euro e vi ringraziamo dell'opportunità di aver potuto partecipare per soli 15 euro. È stato uno dei migliori seminari! Sono completamente entusiasta. Sono felice che la mia nuova collaboratrice si sia subito messa all'opera già la stessa sera, e la domenica ho fatto già primi colloqui informativi con la mia downline.

Cari saluti, Tanja K.

Ciao Gabi,

oggi eravamo con 17 amici a Pforzheim. La metà di loro non fa ancora parte della nostra downline. Alcuni di loro hanno preso oggi la decisione di diventare nostri collaboratori.

Cari saluti, Ingrid + Michael

Caro Dirk,

innanzitutto voglio ringraziarti molto per la meravigliosa giornata. Questo giorno è stato per me un regalo davvero speciale. I miei due figli, Moritz di 16 anni e Lea di 15, hanno partecipato, hanno riso e applaudito e hanno trovato la giornata fantastica. Non avrei potuto ricevere regalo più grande. Per questo ti ringrazio dal profondo del cuore!

Saluti, Annette P.

Fare qualcosa di significativo

Che succede se una persona non necessita di denaro e dispone di tutto il tempo del mondo? Magari vuole fare qualcosa di significativo? Il libro "Il vostro primo anno del network-marketing" di Mark e Rene Reid Yarnell mi ha dato un impulso importante a questo proposito:

> Chi oggi ha meno di 50 anni e ritiene che la sua pensione gli permetterà una vita dignitosa si sbaglia.

Gli Yarnell si sono dedicati all'Africa. Nel loro libro scrivono che in Africa ci sono cinque milioni di bambini resi orfani dall'Aids, e nessuno si occupa di loro. *In realtà esistono cose più urgenti che diventare smisuratamente ricchi. E noi persone attive nel network-marketing disponiamo del denaro e del tempo per cambiare qualcosa.*

E per quanto riguarda me? Ho superato i 50 anni. E ho raggiunto l'obiettivo di non dover più lavorare dopo i 50. I miei obiettivi economici sono realizzati e per alcuni mesi non sapevo più bene ... Qual è ora il mio obiettivo? Per un paio di settimane pensai di non averne bisogno e mi dissi di godermi semplicemente la mia vita. Ma questo, come detto, durò solo un paio di settimane. Oggi lo so. Il mio obiettivo oggi è molto chiaro.

Quello che mi sta particolarmente a cuore, e per cui mi voglio impegnare, è aiutare questo meraviglioso settore a raggiungere quel nome che semplicemente merita. Oggi abbiamo tanti problemi nella nostra società che non voglio di nuovo menzionare. E concordo con l'opinione espressa in un libro in cui è citata questa frase: *Il network-marketing è una delle poche possibilità di reddito in cui le persone del 21° secolo possono stabilire autonomamente il proprio reddito e sono indipendenti da altri.*

Per questo risposi subito *sì* quando Dirk Jakob mi chiese se volessi partecipare alla fondazione di "Networker for Humanity", abbreviato NfH e.V. Con questa associazione, di cui è cofondatore anche il professor Zacharias oltre a molti altri dirigenti di aziende di network, si vogliono perseguire scopi umanitari ma anche rafforzare il settore in generale. Ho potuto stringere stretti contatti con i fondatori e anche con dirigenti di diverse aziende. In questo modo avviene uno scambio ad altissimo livello che in questa forma è unico. Regolarmente si svolgono le cosiddette giornate NfH. Questi eventi sono un'opportunità geniale per apprendere dai migliori del settore e sono convinta che insieme smuoveremo ancora molto. È assolutamente raccomandabile anche per coloro che vogliono semplicemente informarsi sul settore in maniera neutrale. Guardando il sito web "www.nfh-ev.de" avrete una visione di tutti i progetti umanitari che vengono sostenuti e troverete anche la data del prossimo appuntamento. Se pensate di aderire, troverete anche un modulo di iscrizione.

> **Se ognuno fa il poco che gli è possibile, possiamo fare tutti un grosso passo in avanti.**

Avete già sentito la storia delle stelle marine?

Un bambino andò con suo nonno sulla spiaggia. Lì videro migliaia di stelle marine che il mare aveva sospinto sulla riva e che seccavano al sole. Il bambino iniziò a riportarle in mare ad una ad una. Il nonno gli disse allora: "Ragazzo, cosa fai? Ce ne sono talmente tante, non fa alcuna differenza se ne rimetti in mare un paio." Il bambino prese una delle stelle marine in mano, la mostrò al nonno e disse: "Per questa fa differenza."

Aumentare la pensione

Recentemente ho letto che su 100 persone di 65 anni solo l'un per cento è sicura economicamente. Che ne è degli altri? Il 3 per cento lavora ancora, il 4 per cento dispone di una pensione sufficientemente alta, il 29 per cento è già morto e il 63 per cento dipende da strutture sociali, da amici o dalla famiglia. Pensate che questa situazione cambierà in futuro?

> Chi oggi ha meno di 50 anni e ritiene che la sua pensione gli permetterà una vita dignitosa si sbaglia.

Il tempo è maturo per il marketing del passaparola. Ponetevi di nuovo la seguente domanda: *Che cosa succederebbe se avendo già pagato le vostre rate per la casa e l'auto ricevereste 5.000 euro al mese? Quanto denaro dovreste avere in banca per ottenere tale importo in forma di interessi?* Io l'ho calcolato. Considerando un tasso del cinque per cento, che sarebbe già molto alto, avreste pur sempre bisogno di 1.200.000 euro. Riferendomi ai piccoli "deficit pensionistici" voglio tornare a questo esempio. Quanto dovreste risparmiare e avere in banca per ricevere mensilmente solo 400 euro di interessi, una somma che rimpolperebbe la pensione? Pur sempre 96.000 euro. Chi è in grado oggigiorno di mettere 96.000 euro in banca? Quanto è facile invece raggiungere un guadagno passivo di 400 euro con il marketing del passaparola!

Più soldi in casa

Sono molto orgogliosa delle numerose madri, in parte anche single, che hanno migliorato la loro situazione finanziaria con il loro lavoro nel marketing del passaparola. Anche a me capitò di dover decidere se comprare un paio di nuove scarpe da ginnastica per mio figlio (chi non ha figli non sa quanto costino queste cose) o rinviare la spesa al prossimo mese.

Anche a me sembrava a volte che mio figlio crescesse troppo in fretta nei suoi vestiti.

200 o 300 euro al mese di entrate in più possono essere un notevole aiuto. E quando si è raggiunto questo piccolo obiettivo lo si può naturalmente ampliare.

Qual è il vostro motivo? Qual è il vostro PERCHÉ personale?

- ► Volete conciliare carriera e famiglia?

- ► Volete semplicemente andare a fare acquisti senza dover rendere conto a nessuno?

- ► Non amate particolarmente il vostro lavoro e il vostro capo?

- ► Guadagnate già abbastanza denaro ma non avete purtroppo tempo per spenderlo o non avete tempo per la famiglia, i figli, la chiesa, lo sport o quant'altro ...?

- ► A causa del vostro lavoro attuale andate incontro all'infarto o al divorzio?

- ► Volete conoscere nuove persone?

- ► Volete finanziare gli studi ai vostri figli?

- ► Volete più riconoscimento per il lavoro che prestate?

- ► La vostra azienda sta per chiudere?

- ► Come donna avete imparato un buon lavoro ma a causa dei figli e della famiglia non avete opportunità di fare carriera?

Lo sviluppo nel network-marketing

Quando nel 1993 iniziai l'attività in questo settore, il network-marketing era una sorta di figliastro e sono molto felice che questo tipo d'impresa venga sempre più accettato, questo grazie anche alla situazione economica generale. Ciò vale soprattutto per la pura rete di consumatori come noi la pratichiamo.

Come dice Strachowitz: *La situazione non sembra buona, quindi è buona*. Ciò significa che il nostro settore vive delle fasi di espansione quando la situazione economica generale va invece nella direzione opposta.

Oggi ci sono sempre più istituzioni come il Politecnico di Worms che sotto la guida del professor Zacharias nel 2004 ha commissionato il primo studio sul network-marketing in Germania. Nel frattempo esistono anche diverse camere di commercio e dell'industria che si occupano di questo tema e che raccomandano questo nuovo concetto d'impresa. Anche per questo il network-marketing sta guadagnando in modo lento ma sicuro lo stato e il riconoscimento che già da tempo competono a questo settore.

Il network-marketing gode già da anni di una crescita senza freni. Se 30 anni fa si contavano ancora sulle dita di una mano le aziende attive in questo campo, ne abbiamo ora circa un centinaio nella sola Germania. Continuamente le aziende si affacciano al mercato, sottovalutando però le difficoltà che si presentano nel costruire un'azienda di network-marketing che funzioni, e quindi scompaiono. Anche il franchise veniva ridicolizzato nei primi anni, mentre oggi la nostra economia sarebbe inimmaginabile senza di esso. Nei centri storici o nei centri commerciali delle grandi città si vedono ovunque gli stessi negozi, nella maggioranza dei casi si tratta di aziende di franchise. Il franchise si è affermato ed è tuttora un modello di successo legato però ad enormi costi di ingresso e di gestione che impediscono dall'inizio che chiunque vi possa entrare.

A differenza del network-marketing. Il principio è comunque simile. In una fase di sperimentazione si porta a funzionamento un modello di attività, il procedimento viene standardizzato, nel caso ideale viene anche documentato. In questo modo si può procedere alla duplicazione, ma senza enormi costi e imposte.

Il network-marketing è interessante per ragioni economiche e sociali. Guardiamo insieme perché.

Un posto di lavoro sicuro

Il posto di lavoro sicuro come lo conosciamo è un modello in via di "estinzione". I ricercatori (e anche l'"impietoso" signor Michael Strachowitz) sostengono che le aziende in futuro assumeranno solo pochi dipendenti in modo fisso, mentre tutte le altre attività verranno svolte da piccoli imprenditori autonomi e giuridicamente indipendenti. I redditi che ne derivano sono tuttavia lineari, ciò significa che il lavoratore autonomo somma le ore di lavoro ottenendo per questo un determinato compenso. Il suo reddito è limitato dal fattore tempo e non è duplicabile. In questo senso il network-marketing offre un vantaggio decisivo:

Nel network-marketing e in particolare nel marketing del passaparola il collaboratore, se ben organizzato, può duplicare se stesso e raggiungere un reddito o un ordine di grandezza che con la via lineare non raggiungerebbe mai.

Fallimenti

Nel 2006 in Germania 31.300 aziende e 121.800 cittadini privati dichiararono la bancarotta. Tra le aziende si trovavano sia nuove imprese piene di speranza ma anche ditte con una lunga tradizione. Tutto ciò è una conseguenza della politica creditizia restrittiva della banche, della struttura debordante dei costi delle aziende, condizionata dalla politica fiscale e dai costi del personale estremamente alti. Il modello Germania come lo conoscevano i nostri genitori non funziona più.

Pensioni in pericolo

La situazione è resa ancor più grave dalla situazione demografica. Le persone invecchiano sempre di più e fanno saltare le previsioni delle casse pensionistiche. Non c'è bisogno che mi soffermi su questo tema. I dettagli li leggete quotidianamente sul giornale.

Karl Pilsl, un noto ricercatore economico, scrive nel suo libro "Die naturkonforme Strategie" (La strategia conforme alla natura):

Se oggigiorno un ragazzo o una ragazza dopo la maturità frequentasse una cosiddetta accademia del network-marketing e se durante lo studio, ammettiamo della durata di quattro anni, si costruisse parallelamente a tempo pieno con un'azienda seria e consolidata il suo network come "apprendistato", dopo quattro anni potrebbe laurearsi e avere diritto alla pensione.

Non sarebbe fantastico? Negli ultimi tempi ho avuto spesso persone molto giovani che partecipavano ai nostri training. Le invidio per la possibilità che hanno di conoscere quest'opportunità in giovane età. E lo svantaggio che magari hanno in termini di credibilità può facilmente essere superato con il tempo di cui dispongono.

Reddito aggiuntivo

Ognuno decide autonomamente se vuole svolgere quest'attività per assicurarsi un reddito aggiuntivo oppure se ambisce ad un reddito passivo veramente grande. Voglio che sappiate solo che si tratta di due modalità di accesso diverse. La differenza sta da un lato nel numero di contatti e dall'altro nella velocità. Vi ricordate l'esempio della pompa di benzina quando ogni persona ne sponsorizza un'altra ogni mese? Pensate quale risultato si avrebbe al posto delle 4.096 persone se ci prendessimo tempo, se ritardassimo nel dare al nostro amico tutte le informazioni e se ne sponsorizzassimo solo uno ogni due mesi? Pensate che la duplicazione continuerebbe così? Che ne pensate così su due piedi? I più sostengono: *Il risultato sarà circa la metà*. È proprio questo che, dopo sette anni, mi ha completamente sconvolta. Non si tratta della metà, ma solo di 64 persone invece di 4.096. E questo sebbene in fondo si faccia la stessa cosa ma solo più **tardi**. Ciò dimostra chiaramente che questo settore ha delle regole completamente proprie e che potete dimenticare tutto quello che avete imparato precedentemente. Perciò è tanto importante che ci si attenga a un sistema esistente e che non se ne inventi uno nuovo.

A volte mi capita di ascoltare quest'affermazione: *Non tutti possono guadagnare somme enormi*. Non posso che essere d'accordo, ma con una sola piccola differenza. Nel nostro caso chiunque **avrebbe** la possibilità di avere successo e di guadagnare grosse somme, ma naturalmente non tutti sono disposti a fare ciò che è necessario per questo obiettivo. A questo punto voglio sottolineare che per me è altrettanto onorevole sia che una persona voglia migliorare la sua pensione di 250 euro sia che voglia raggiungere l'indipendenza economica. In un articolo di un grosso quotidiano tedesco nel 2005 si leggeva che il 43 per cento di tutte le famiglie aveva meno di 100 euro di entrate **liberamente disponibili** al mese. Ciò significa che le diverse piccole entrate di alcune centinaia di euro che si guadagnano parallelamente al proprio lavoro possono costituire già un raddoppio o comunque una moltiplicazione delle entrate familiari. Jim Rohn, un noto filosofo e network-trainer, scrive a proposito della "Magia del secondo reddito":

> "Se una persona nella sua professione guadagna 1.000 euro in più non interessa a nessuno.
> Ma la possibilità di guadagnare parallelamente 1.000 euro ha invece una grande attrattività."

Avete mai pensato quanto sia geniale la possibilità di costruirsi un secondo reddito senza dover abbandonare la sicurezza delle entrate che già si percepiscono?

Definizione dei termini

Le emozioni rivestono un ruolo importante nella nostra attività. Tuttavia, per una migliore comprensione, voglio spiegare un paio di concetti che possono sembrare, perdonatemi, piuttosto aridi.

Scrivendo questo paragrafo ho difficoltà a spiegare concetti come network-marketing, marketing del passaparola, MLM – Multi-Level-Marketing, vendita diretta, distribuzione diretta – come spiego questi concetti in modo che siano corretti e che tutti li comprendano? A questo punto chiamai di nuovo "Mister Strachowitz". In fondo, con quasi 30 anni di esperienza nel settore alle spalle, è il più vecchio "dinosauro del network" che conosco. Abbiamo discusso a lungo su questo argomento e l'unica cosa che so per certo è che non esiste nessuna definizione per i vari termini precisa al cento per cento. Ci sono troppi concetti che ognuno comprende in modo diverso. Certo è tuttavia che network-marketing significa: "accumulazione di piccoli fatturati". Ho trascorso metà pomeriggio a riflettere come concludere l'argomento in maniera proficua. Alla fine ho deciso di darvi le nostre definizioni. Con "nostre" intendo quelle del "GabisteinerTEAM". Si tratta di un gruppo di dirigenti e collaboratori del mio team che hanno una filosofia comune. Di questo vi parlerò ampiamente più avanti. Non pretendo che le seguenti spiegazioni abbiano validità generale.

Network-Marketing

Con network-marketing intendiamo una forma particolare di distribuzione per trasferire merci dal produttore al cliente evitando il commercio al dettaglio locale. Nel network-marketing vengono distribuite provvigioni per il supporto nella costruzione dell'organizzazione (cioè nella sponsorizzazione di altre persone che fanno lo stesso) per lo più su diversi livelli ("Levels"). Per questo si parla anche di "marketing multilivello". La maggioranza delle aziende che hanno scelto il "marketing multilivello" per la distribuzione dei loro prodotti sono una miscela di network-marketing e di vendita diretta, ciò significa che parte delle provvigioni fluisce nella vendita diretta.

Vendita diretta

Nella vendita diretta, l'intermediario acquista la merce con uno sconto e la rivende al consumatore finale. Il suo guadagno sta nella differenza tra il prezzo di acquisto e quello di vendita.

Il volume qualificativo

Si chiama volume qualificativo la quantità di prodotti che un collaboratore deve fatturare mensilmente con l'azienda per poter riscuotere le provvigioni per il supporto nella costruzione dell'organizzazione (quindi per il networking).

Sponsorizzazione

L'acquisizione di nuovi collaboratori si definisce "sponsorizzazione" (sostegno). Colui che vi ha presentato quest'opportunità con successo è il vostro sponsor.

Upline

La vostra upline è costituita dalle persone che si trovavano nella linea prima di voi, quindi il vostro sponsor, lo sponsor del vostro sponsor e così via fino in alto.

Downline

La vostra downline è composta da persone che voi avete portato nel team e dalle persone che questi a loro volta hanno portato nell'attività e così via. L'ammontare del vostro reddito mensile dipende esclusivamente dalle dimensioni e dall'attività della vostra downline.

Sideline

Alla vostra sideline appartengono tutti coloro che lavorano nella stessa azienda, ma che non fanno parte né della vostra upline né della vostra downline.

Informazioni neutre

Quando iniziammo con la nostra attività nel 1999 decidemmo di fare di questi principi i nostri valori:

- ▸ Nessuna pressione

- ▸ Nessun dettaglio senza interesse

- ▸ Nessun annuncio, nessun volantino

- ▸ Da persona a persona

- ▸ Lavoriamo principalmente con strumenti neutrali

Cosa significa? "Nessuna pressione" è chiaro. Se una persona non vuole, allora semplicemente non vuole. Noi lo accettiamo senza problemi. "Nessun dettaglio senza interesse": Con ciò intendo dire che spieghiamo il marketing del passaparola con un esempio. Se necessario facciamo un esempio sulla moltiplicazione. Per una migliore duplicazione raccomando comunque di spiegare con esempi veramente BREVI e CONCISI (esempio dei quattro oggetti) o di utilizzare gli strumenti. Soprattutto per persone che non si sentono in grado di dare informazioni molto impegnative è di enorme importanza poter dire:

Ho scoperto una possibilità di crearmi una seconda attività. La cosa meravigliosa è che non devo spiegare nulla. Esiste un libro/cd, in cui è spiegato tutto. Chiunque può leggerlo e decidere poi se ne vuole sapere di più.

I sentieri si creano camminando.

Questa è una frase importante. Dalla pubblicazione della prima edizione del mio libro nel 2004 ho imparato alcune cose. Una di queste è che oggi sconsiglio vivamente di insegnare ad un nuovo collaboratore una spiegazione teorica. "Learning by doing" è la parola magica.

Ognuno ha uno sponsor che inizialmente lo aiuta nei colloqui, e nel libro o nell'audiolibro si trovano diversi esempi, tra cui quello della pompa di benzina.

Un altro modo di spiegare il marketing del passaparola è descritto nel paragrafo successivo dal titolo "Come vengono movimentate le merci?". Inoltre esiste anche una forma di spiegazione assolutamente semplice. Con quattro oggetti posso spiegare come funziona il sistema e da dove deriva il denaro che viene versato nel circolo del passaparola.

Abbiamo risvegliato l'interesse e ci viene chiesto: Cosa fai? La risposta: Te lo posso fare vedere in modo molto semplice. Per guadagnare soldi bisogna movimentare delle merci e per fare questo vi sono diverse possibilità.

Quello che vedi qui è il commercio al dettaglio che ognuno conosce. Dal produttore le merci passano al grossista, al dettagliante e poi al cliente. Il cliente paga sempre il 100 per cento. E qui (indicate "G" e "D") rimane anche la maggior parte del denaro.

Conoscerai sicuramente anche questo sistema. È la vendita diretta. Il produttore vende ad un intermediario autonomo. Questi rivende la merce al cliente che a sua volta paga di nuovo il 100 per cento. La maggior parte del denaro rimane all'intermediario per il finanziamento preventivo delle merci, il magazzinaggio, eccetera.

Ancora più semplice è ciò che facciamo noi: il marketing del passaparola. Anche in questo caso il cliente paga il 100 per cento ma ordina DIRETTA-MENTE dal produttore. E i soldi che vengono risparmiati grazie al percorso distributivo più breve vengono versati ai clienti che raccomandano o il prodotto o il sistema.

La spiegazione seguente descrive lo stesso procedimento in modo diverso e più dettagliato.

Come vengono movimentate le merci?

Se avete bisogno di un determinato prodotto, di solito vi recate in un negozio. Ciò significa che ricorrete al commercio al dettaglio per soddisfare le vostre esigenze.

Il commercio al dettaglio

Come clienti pagate il prezzo indicato sull'etichetta, quindi il 100 per cento. A seconda del prodotto, il produttore ricaverà una somma tra il 15 e il 30 per cento. Nel seguente esempio supponiamo un 30 per cento:

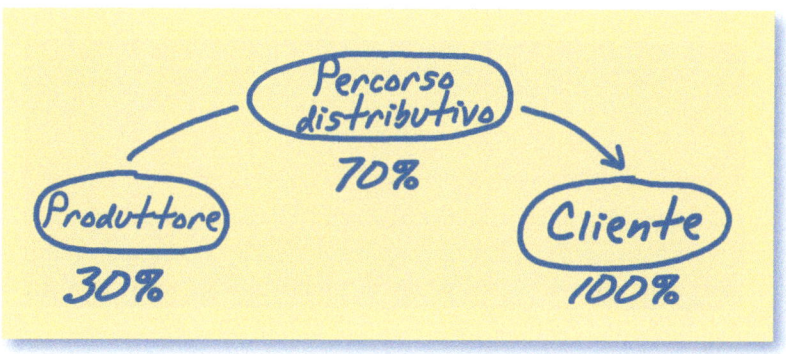

Come risulta dal grafico, la maggior parte della somma, cioè il 70 per cento, fluisce nel percorso distributivo, per esempio nella pubblicità, nel commercio all'ingrosso, nel commercio intermedio e nel commercio al dettaglio. L'affitto per il negozio e gli stipendi degli impiegati vanno pagati indipendentemente dal fatto che i fatturati crescano o calino. Anche i lavoratori autonomi conoscono il problema e soprattutto in questo momento ne soffrono.

La vendita diretta

Un altro modo di far arrivare le merci al consumatore è la vendita diretta. Nella vendita diretta un intermediario acquista le merci dal produttore. Generalmente egli stesso finanzia preventivamente l'acquisto delle merci e le tiene in magazzino. Il suo guadagno deriva dal fatto di cercare clienti a cui vendere il prodotto. L'intermediario ottiene solitamente uno sconto tra il 30 e il 50 per cento. In questo esempio consideriamo un valore medio del 40 per cento.

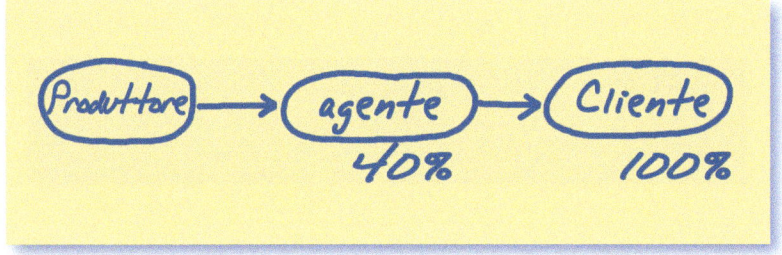

È decisivo che l'agente sia un assoluto professionista del prodotto in modo che possa fornire un'ampia consulenza. Deve conoscere tutti i dettagli dei prodotti e tutti i mesi deve motivare i suoi clienti ad acquistarli. Inoltre deve sempre trovare nuovi clienti. È sempre limitato dal fattore tempo. In sintesi significa: scambia continuamente il suo tempo per soldi.

Il marketing del passaparola

Il marketing del passaparola è qualcosa di fondamentalmente diverso. Che vi sia chiaro o no: **voi e noi tutti lo facciamo**. Ma probabilmente non vi pagano ancora per farlo. Se avete visto un film che vi ha impressionato o letto un libro avvincente, se avete mangiato in un buon ristorante o siete soddisfatti di un prodotto, è la cosa più normale del mondo raccontarlo ai vostri conoscenti. Senza conoscenza preventiva e soprattutto: **senza allenamento**.

Ai miei nuovi collaboratori pongo sempre questa domanda: *Hai mai raccomandato un film di due ore raccontandone la trama?* Naturalmente tutti l'hanno fatto ... Allora chiedo: **Quanto tempo ti sei allenato per questo?**

Se raccomandate un film non ne conoscete probabilmente nemmeno gli attori. Non sapete nulla dei costi di produzione, chi è responsabile per la maschera o per la sceneggiatura. Semplicemente il film vi è piaciuto, avete riso o vi siete commossi. E lo raccontate ai vostri amici. In base alla vostra raccomandazione vanno al cinema e guardano il film, oppure no. Questo non vi fa riflettere?

Secondo me la raccomandazione passaparola dovrebbe essere proprio questo: **una raccomandazione ad un amico, per questo totalmente credibile e la cosa più normale del mondo.** Come supporto e per creare interesse raccomandiamo tra l'altro alcuni cd **neutrali** realizzati in parte da personalità molto note come ad esempio Brian Tracy e Robert Kiyosaki che parlano in modo dettagliato e indipendente del marketing del passaparola. Questi cd sono strumenti o cosiddetti "Tools" adatti a chiunque e hanno diversi vantaggi:

- ▸ parlano del settore in modo **neutrale** e sono indipendenti da aziende.

- ▸ chiunque può dare un cd ad un'altra persona, ciò lo rende uno strumento totalmente duplicabile. Questo è uno dei punti più importanti nel marketing del passaparola.

- ▸ mettono anche i più timidi in condizione, dopo un breve colloquio o dopo aver raccontato la propria storia, di informare sulla natura del marketing del passaparola.

Una lista degli strumenti più aggiornati, raccomandati per l'inizio, vi verrà fornita durante il colloquio iniziale con il vostro sponsor o potete scaricarla dal sito web del nostro gruppo su internet. I collaboratori del GabisteinerTEAM trovano qui tutto l'essenziale di cui hanno bisogno per darvi il loro sostegno.

A questo punto voglio darvi ancora un'indicazione generale sull'uso degli strumenti. Io personalmente non fornisco mai più di **uno** strumento in modo che la persona interessata possa concentrarsi solo su quello. In questo modo l'inizio è scorrevole. Se vengono forniti contemporaneamente più strumenti alla volta è possibile che la persona interessata si confonda ... Dopo aver fornito lo strumento divento la persona di riferimento a cui porre tutte le domande successive. Solo in questo modo si crea e si amplia un rapporto, appunto da persona a persona.

Supporto dalla upline

Tom Schreiter, un noto autore che si occupa del tema network, preferisce il colloquio "due a uno". Ciò significa che il vostro sponsor parteciperà inizialmente al colloquio. Schreiter scrive a questo proposito: *La soluzione è la presentazione due a uno. Poiché la nostra autostima non soffre di costante senso di rifiuto, siamo in grado di fare delle buone presentazioni. Il nostro collaboratore deve semplicemente stabilire l'appuntamento, rilassarsi e osservarci all'opera. Il sistema aiuta così a combattere la paura poiché il collaboratore non deve conversare da solo con la persona interessata.*

E continua: *Gli chiediamo di organizzare un paio di appuntamenti e semplicemente di osservarci come cerchiamo di conquistare nuovi collaboratori per il suo gruppo. Costruiamo il suo gruppo mentre lui osserva.*

Ho riflettuto a lungo se questa affermazione contiene una contraddizione. Il nuovo collaboratore deve condurre da solo i suoi colloqui o deve farlo lo sponsor al posto suo? Anche in questo caso posso dire sulla base della mia esperienza che tutto dipende dalla persona che abbiamo davanti e dal suo obiettivo. Per esperienza so che i risultati con un nuovo collaboratore sono migliori se, soprattutto all'inizio, lavora a stretto contatto con il suo sponsor, gli telefona spesso e se concorda appuntamenti con i suoi amici o conoscenti. A mio avviso è questa la via ideale per un "collaboratore A". (Il collaboratore A è una persona che vuole costruirsi un'attività propria in modo serio e mirato.)

Lo sponsor ha più esperienza e può (per lo più) presentare un proprio rendiconto. Io personalmente non conduco alcun colloquio senza presentare lo sviluppo dei primi mesi. Per questo vi consiglio di cuore di procurarvi il rendiconto della vostra upline se ancora non ne avete una vostra. E se ciò non è possibile chiedetelo a me. Coloro che sono interessati alla nostra attività di solito non riescono a immaginarsi la duplicazione in forma teorica.

Voglio spiegarvi come procedo. Quando un nuovo collaboratore è interessato voglio che si renda conto il più velocemente possibile che l'attività funziona. So che esiste quella dannata regola delle 72 ore e che agisce in modo molto affidabile. Questa regola è generalmente valida in tutti gli ambiti della vita. Sostiene che in **tutto** ciò che non iniziamo entro le 72 ore è molto alta la possibilità che non si realizzi mai.

Ognuno ha almeno un amico o un'amica di cui sa o pensa che sarebbe indicato per l'attività. Nel caso ideale lei/lui partecipa già al colloquio iniziale. L'invito potrebbe essere formulato come segue: *Ciao Beppe, sono Anna. Sono qui da Gabi e ho sentito parlare di una possibilità per pagare le rate della mia macchina. Se funziona è geniale e potrebbe essere interessante anche per te. Venerdì ho un colloquio iniziale e vorrei che ci fossi anche tu. Il tuo parere è importante per me e se si tratta di qualcosa di interessante possiamo subito iniziare insieme.*

Se Beppe non ha tempo venerdì, spostate l'appuntamento al momento che lui propone. Pensate che il vostro migliore amico dirà di no a questa vostra richiesta? Se Beppe vede una possibilità per sé e se noi gli forniamo il sostegno concreto (questo lo ha già sperimentato in quanto io ho già sostenuto la sua Anna) e lui collabora, allora il prossimo colloquio si può svolgere subito secondo le stesse modalità con la sorella di Beppe, Cristina. Magari Anna si limiterà ad osservare, ma forse vorrà condurre lei stessa il colloquio. In fondo questo non ha molta importanza. Alla fine l'obiettivo è naturalmente che il nuovo collaboratore sia in grado, dopo un certo tempo, di spiegare da sé l'attività.

> Non si fanno i muscoli guardando
> l'allenatore fare body-building.

Per cui raccomando:

> Non fate mai niente per qualcuno
> che potrebbe farlo da solo.

È importante solo che come sponsor all'inizio telefoniamo attivamente al nostro collaboratore e organizziamo appuntamenti con i suoi amici. Ciò presenta diversi vantaggi:

- Si AGISCE subito, cosa che **senza** questa stretta collaborazione non sempre avverrebbe. In questo modo viene disattivata la regola delle 72 ore.

- Il nuovo collaboratore può fare affidamento sullo sponsor se dovessero emergere domande che ancora non riesce ad affrontare.

- Lo sponsor può convincersi che il collaboratore "ce la fa". E questo porta naturalmente a

- una maggiore velocità e duplicazione!

Senza dubbio, una persona che dall'inizio può contare su un supporto attivo avrà maggiore successo di chi dopo essere stato sponsorizzato viene abbandonato a sé stesso. In questo caso è anche possibile lavorare senza strumenti. Detto in altro modo: via dalla formazione esclusivamente teorica verso il "learning by doing".

Sulla base di un piccolo modello scalare da 1 a 10 voglio mostrarvi come vedo tutto ciò:

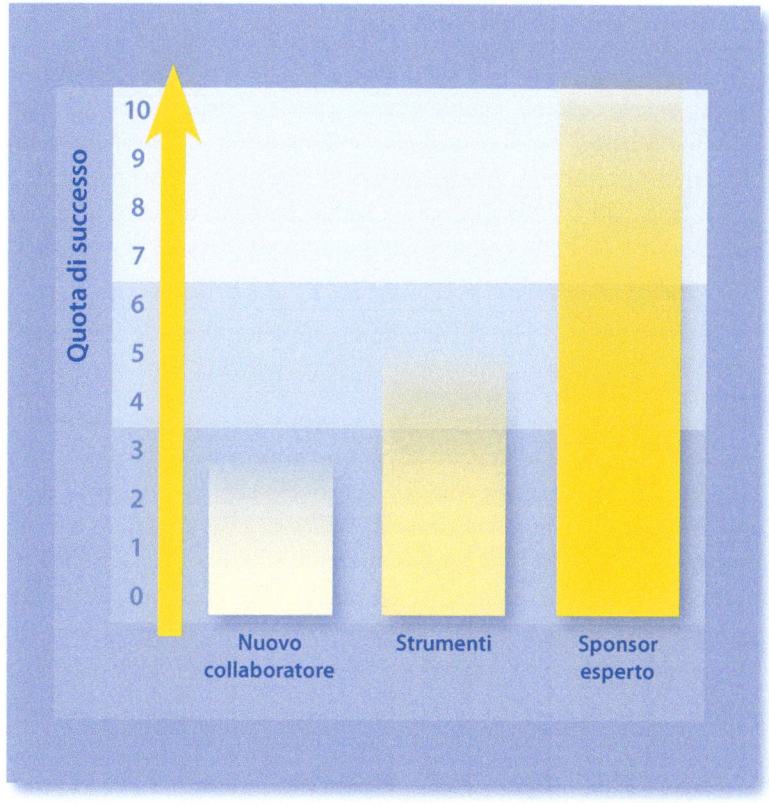

Utilizziamo gli strumenti per presentare alle persone interessate la nostra attività, filtrando e selezionando chi ha un serio interesse e desidera avere maggiori informazioni. Questa procedura ha diversi vantaggi: permette una certa "preselezione", ciò significa che avranno accesso alle informazioni del catalogo solo le persone seriamente interessate. Lo svantaggio è che un libro non ha sensibilità e quindi non possiamo raggiungere subito chiunque. Un libro non può agire su di una determinata persona. Inoltre richiede tempo. Per cui sulla scala gli darei un valore medio di 5. Un nuovo collaboratore senza esperienza ha un valore sulla scala da 1 a 3 punti, mentre uno sponsor con esperienza arriva tranquillamente a 7 fino a 10 punti. Ciò significa che una persona senza esperienza avrà maggior successo se lavora con gli strumenti piuttosto che spiegando l'attività da solo.

È diverso se lo sponsor conduce i colloqui **insieme** al collaboratore. Poiché lo sponsor può comprendere le necessità dell'interessato, reagisce in modo migliore e soprattutto più rapido rispetto al caso in cui si limita a distribuire strumenti. Anche qui vale la regola: non esiste niente di "giusto" o "sbagliato". Purtroppo è una realtà che molti devono (o vogliono?) condurre da soli i loro colloqui. In questo ambito a mio avviso esiste ancora un notevole potenziale di crescita.

Ecco un aspetto che si conferma ogni volta. Non c'è vantaggio più grande e nessuna motivazione migliore che venir stimolato sin dall'inizio.

Quando iniziai nel mese di aprile, sponsorizzai sette persone, per lo più della mia famiglia, tra cui Wissi, nostro nonno, mia madre e un paio di amici. A maggio si aggiunse Lissy Schütt-Nothdurft. A quell'epoca la mattina facevamo insieme un'ora di walking. Lissy fu subito entusiasta. In modo non molto diplomatico, ma molto spontaneo comunicò il suo entusiasmo a suo marito Werner per telefono. Werner è un padre di famiglia molto concreto, ingegnere di professione. Lissy elogiava l'attività con i massimi superlativi: *I prodotti sono fantastici e non bisogna acquistare alcuna merce, è tutto super.* Al che Werner commentò: *E pensi che sia tutto?* L'armonia familiare ne risentì a lungo, ma Lissy non si lasciò distogliere dalla sua decisione e per circa un mese procedemmo con un "undercover-networking". Ci telefonavamo almeno cinque volte al giorno e ogni volta che Werner tornava a casa dal lavoro, Lissy sussurrava al telefono: *Devo attaccare, arriva Werner!* Quattro settimane dopo gli parlai e si mostrò convinto. Già un anno e mezzo dopo era molto felice di poter smettere di lavorare e di potersi organizzare la giornata a casa con la sua famiglia. Ma torniamo a Lissy. Mi motivava senza fine. A maggio, in occasione delle vacanze di Pentecoste, trascorsi due settimane nella Repubblica Domenicana. Era l'unico luogo dove i ragazzi fino a 14 anni non pagavano. Il mio budget allora era ancora piuttosto limitato. In quel periodo, Lissy sponsorizzò Isolde e Ottmar di Ettlingen, e quando tornai dalla vacanze una telefonata al sistema informativo "fast talk" della nostra azienda mi confermò che ero diventata un livello "bronzo". Questo è il primo livello dirigenziale nel nostro sistema retributivo. Rimasi sconvolta da quello che

Lissy con il suo gruppo e gli altri miei collaboratori avevano realizzato in mia assenza. Seppi per certo che l'attività funzionava.

Poco dopo seppi inoltre che anche i prodotti funzionavano. Si sparse la voce che non ero stata nella Repubblica Domenicana, ma che mi ero sottoposta in segreto ad un lifting!

Isolde e Ottmar furono per Lissy ciò che Lissy era per me. Entrambi lavoravano già come liberi professionisti. Isolde aveva un'agenzia di traduzioni che le assicurava un reddito al di sopra della media. Ciò che non aveva era il tempo. Ottmar lavorava autonomamente da dieci anni nel settore edile. Nonostante il notevole dispendio di tempo guadagnava meno di un impiegato e investiva sempre più denaro nella crescita della sua impresa. La situazione economica divenne sempre più difficile e la sua azienda andò in rosso. Quando nel 1999 dovette trarne le conseguenze e chiudere l'azienda, Ottmar venne a trovarsi in una situazione economica molto difficile. Proprio in quel momento i due incontrarono il marketing del passaparola. Entrambi riconobbero subito l'enorme opportunità che veniva loro offerta e ci si buttarono a capofitto con grande velocità. Oggi "lavorano" insieme e si godono la libertà e l'indipendenza raggiunti. Ecco cosa vi raccomando:

> Cercatevi una persona della vostra cerchia di amici con cui state volentieri e che inizi con voi. È un vantaggio inestimabile avere fin dall'inizio un motivatore al vostro fianco. Il miglior motivatore è la velocità.

Se oggi ci ripenso, il nostro modo di lavorare era proprio un metodo di lavoro di successo come viene descritto nei libri. Abbiamo lavorato in team in **profondità**. L'importanza di un lavoro in profondità è talmente importante e fondamentale per il nostro successo che voglio dedicare a questo tema un capitolo a parte nel mio libro per collaboratori esperti. A questo punto voglio spiegare brevemente cosa significa "profondità" e "larghezza". Tutte le persone che io stessa sponsorizzo costituiscono la "**larghezza**". Se ad esempio sponsorizzo direttamente cinque persone (diciamo cinque Anna), esse formano il mio primo livello, la mia firstline. Quando la mia firstline Anna sponsorizza Beppe che a sua volta sponsorizza Cristina che sponsorizza Daniele, la mia organizzazione sarà **profonda** quattro livelli. Lissy a quel tempo era ancora molto lontana dall'obiettivo di riuscire a parlare davanti a un pubblico (oggi la situazione è molto diversa) e a causa dei suoi due bambini ancora piccoli era molto più legata alla casa di me. In cambio però era eccellente nei "contatti". Tenevamo insieme i training con i suoi collaboratori e io spiegavo il sistema. Allo stesso modo iniziammo con Isolde e Ottmar a Ettlingen. Il livello successivo in profondità fu Susanne, una madre-single di Baden-Baden con due figli, che a sua volta fu un fattore motivazionale per Ottmar e Isolde. Ci divertivamo molto insieme. A questo proposito c'è una newsletter fantastica (numero 161) di Robert Pauly (www.mlm-coach.de). Raccomando ai miei collaboratori di abbonarsi a questa newsletter gratuita che settimanalmente fornisce brevi interessanti testi. Ne cito uno:

> *... esistono due procedure profondamente diverse. La prima è relativamente semplice e non funziona praticamente mai. Eppure viene utilizzata dalla maggior parte nelle aziende-network. Si tratta di informare contemporaneamente il maggior numero possibile di persone in forma di una lezione teorica, spesso unita a un esultante show motivazionale, in modo che i partecipanti inizino contemporaneamente e attivino grossi fatturati, cosa che non avviene praticamente mai. La seconda via funziona piuttosto bene ma è considerevolmente più impegnativa. Consiste nel prendere un'unica persona e costruire con lei dall'inizio il suo gruppo ...*

Possiamo assolutamente sottoscrivere queste affermazioni. Anche noi abbiamo agito **proprio così.**

Ai lettori attenti non sarà sfuggito che ho temporaneamente abbandonato il tema affrontato sopra per condirlo di storie interessanti. Faccio altrettanto nella pratica. Non dimenticate: **i networker sono narratori di storie.**

Continuiamo ora ad analizzare il contenuto dell'esempio "Come vengono movimentate le merci?". Nel nostro esempio Lei ha contattato Anna perché ha accumulato alcune conoscenze e posso supporre che Lei sia interessato/a al tema. Se qualcuno mi chiede cosa faccio, parlo in prima persona, cioè io ho avviato il discorso con Anna. In questo modo parlo di me, non do l'impressione di mettere l'altro sotto pressione e l'interlocutore non si sente messo sotto pressione da me. Per questo esempio prendiamo un prodotto:

Esattamente come Lei, la Sua amica Anna compra il prodotto direttamente dal produttore e fornisce il Suo numero cliente come referenza in modo che il produttore possa riconoscere da dove proviene l'ordine. Se anche Anna è entusiasta del prodotto ne parlerà sicuramente con altre persone. Supponiamo nel nostro esempio che Anna racconti anche al suo amico Beppe dei prodotti e che egli faccia a sua volta un ordine direttamente all'azienda.

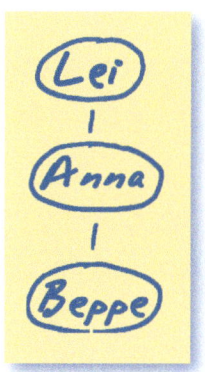

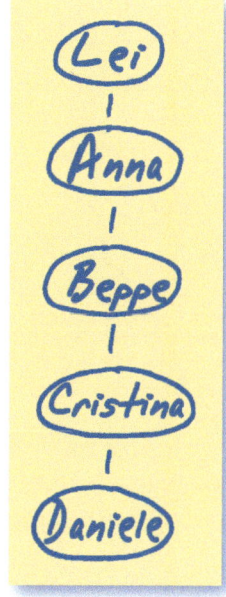

Beppe ne parla alla sua collega Cristina che a sua volta ne parla con lo stesso risultato Daniele. E Daniele ordina a sua volta i prodotti dall'azienda e fornisce il numero cliente di Cristina.

Dall'ordine di Daniele emerge chiaramente come il produttore versa le provvigioni nel marketing del passaparola. Il 40 per cento, che nell'esempio della vendita diretta andrebbe direttamente all'intermediario per il suo lavoro, nel marketing del passaparola viene distribuito a più persone.

Nel nostro esempio risulterebbe così:

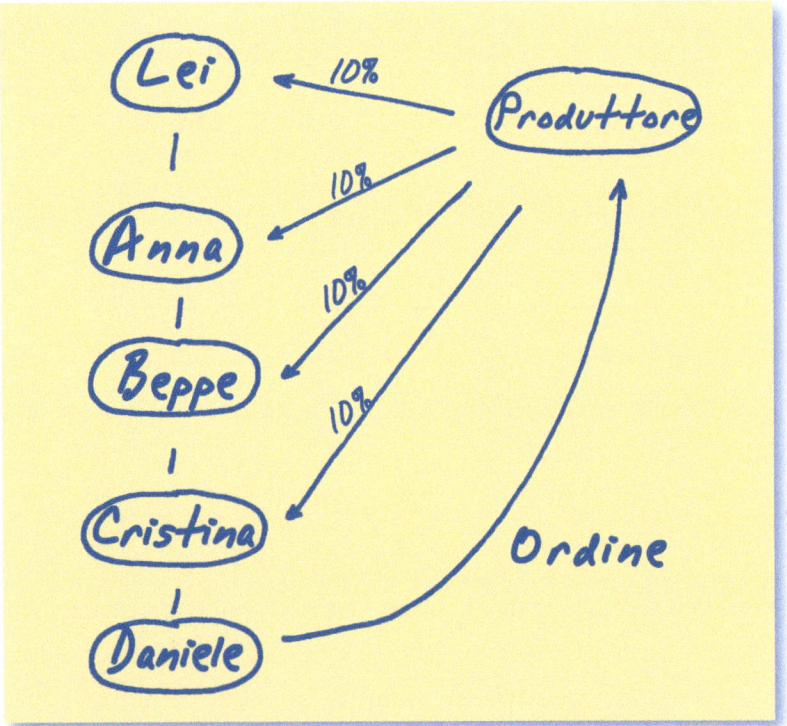

Cristina percepisce il 10 per cento, Beppe il 10 per cento, Anna il 10 per cento e Lei il 10 per cento dell'ordine di Daniele, poiché Lei ha creato la catena del passaparola.

A questo punto per me è molto importante avere la comprensione dei miei interlocutori. Voglio che annuiscano almeno interiormente, altrimenti non passo a parlare di cifre maggiori. Questo per una ragione importante: se il mio interlocutore interiormente ritiene che il sistema con un solo collaboratore sia valido non avrà problemi con più collaboratori.

Dal colloquio con mio fratello sapevo che la sua azienda era in difficoltà economiche e che presto non sarebbe stato in grado di pagare sé stesso e il suo socio. Con due bambini piccoli e le rate per il mutuo della casa è un problema, soprattutto se si lavora in proprio e se non si può fare affidamento sulla sicurezza di una rete sociale. Gli dissi che, a seconda dell'obiettivo dell'interlocutore, potevamo lavorare con due, tre, cinque o più "Anna". Per "Anna" intendiamo persone che contattiamo direttamente. Per questo abbiamo scelto la prima lettera dell'alfabeto. Poiché mio fratello aveva già segnalato interesse, scelsi in questo caso la forma del tu:

Il TUO obiettivo è più grande, non basta una sola Anna. Per questo ti mostro ora come funziona il potere della moltiplicazione. Facciamo semplicemente il calcolo con due, tre, o cinque Anna.

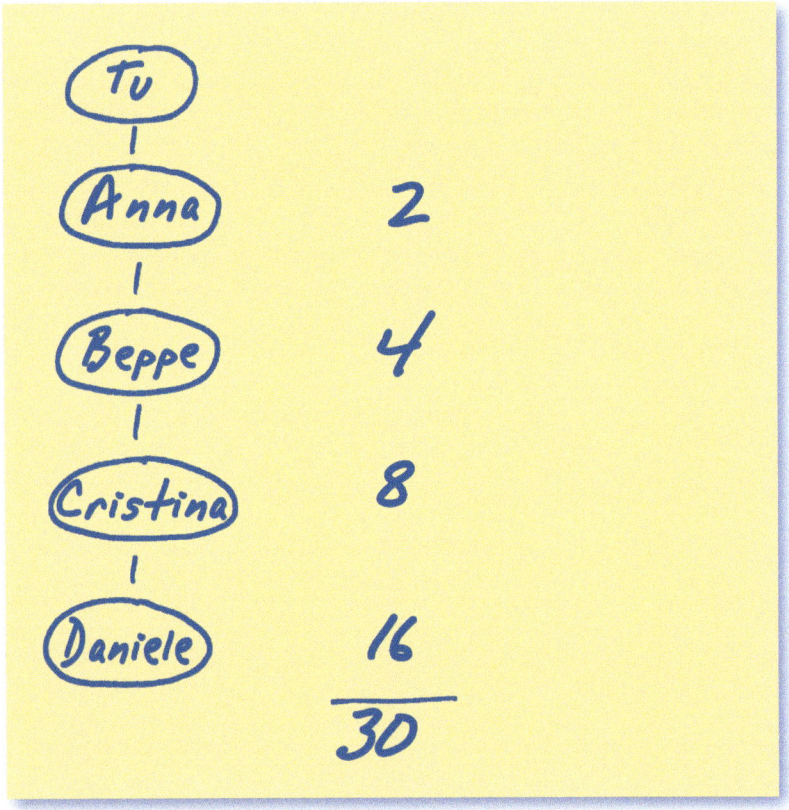

Nel caso di due Anna che a loro volta sponsorizzano due Beppe che sponsorizzano due Cristina che a loro volta sponsorizzano due Daniele abbiamo in totale 30 consumatori.

Ora voglio mostrarti il potere della duplicazione che si ha prendendo una Anna in più. Quindi abbiamo tre Anna. E questo si duplica (di nuovo) fino a Daniele come mostra la tabella seguente:

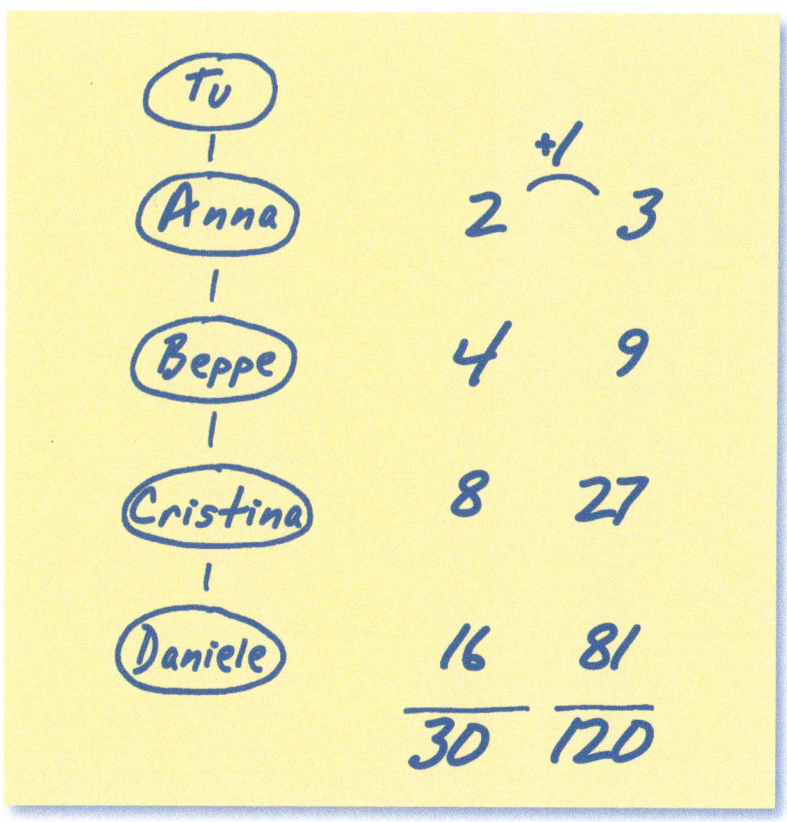

Sono esattamente 90 consumatori in più, sebbene abbiamo sponsorizzato una sola Anna in più. Devi crearti una nuova attività, il tuo obiettivo è più grande, quindi lavoreremo entrambi con cinque persone:

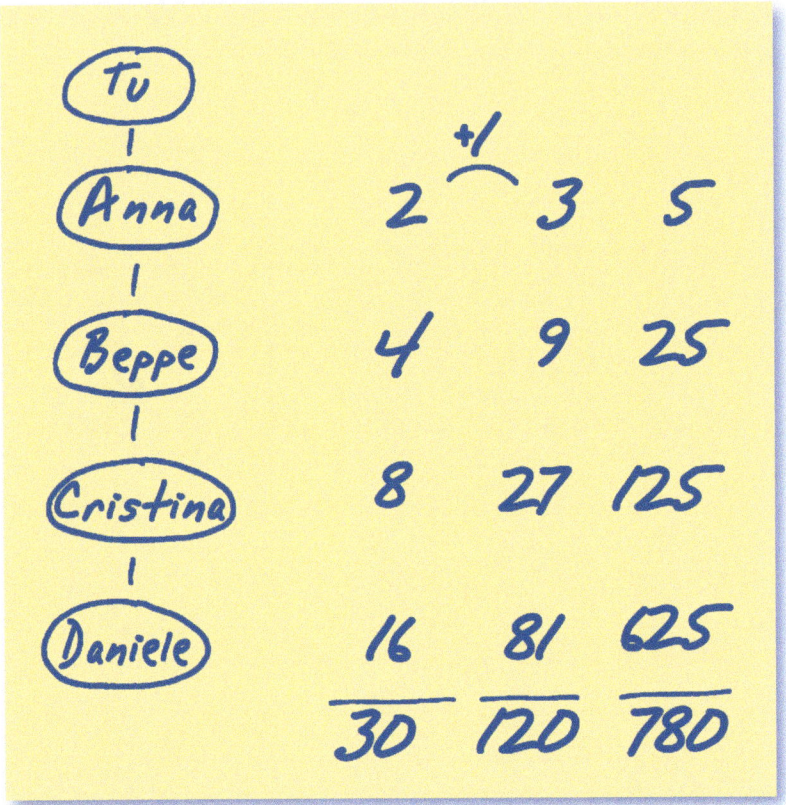

780 persone che, per facilità di calcolo, ammettiamo acquistino e consumino prodotti per un valore di 100 euro. Nessuno deve vendere merce o incassare denaro. Ciò creerebbe un fatturato totale del tuo gruppo di 78.000 euro.

Mio fratello rimase sconvolto quando gli posi questa domanda: *Quanto sarebbe il tuo guadagno in questo esempio?*

$$780 \times 100 \text{ euro} = 78.000 \text{ euro}$$
$$\text{di cui il } 10\% = 7.800 \text{ euro al mese}$$

Con il 10 per cento dell'esempio guadagnerebbe 7.800 euro.

L'unica domanda che pongo a questo punto è la seguente: *Il tema è interessante per te da volerne sapere di più?* Mio fratello Andy voleva saperne di più. Naturalmente gli posi anche le domande che già conoscete dall'esempio della pompa di benzina: *Quali caratteristiche deve avere a tuo avviso il prodotto per essere adatto a questo sistema distributivo?* Vi ricordate? Deve essere un prodotto di consumo utilizzabile da chiunque, deve essere **consumato** e far parte di un mercato in crescita.

E adesso arrivò un momento molto importante. Avevamo ulteriormente semplificato la nostra presentazione e il catalogo che avevamo realizzato con la direzione dell'azienda era appena stato pubblicato. Andy era praticamente la mia "cavia". Egli era allora una persona piuttosto timida (nel frattempo è cambiato). Sapevo che **mi** riteneva in grado di fare la presentazione. Ma sapevo che dovevo mantenere la presentazione del catalogo al livello più semplice possibile perché anche **lui** si sentisse in grado di fare altrettanto.

L'informazione dal catalogo non è in fondo altro che una raccomandazione passaparola. Da persona a persona. Semplice e facile. Presi il catalogo e lo scorsi rapidamente dicendo: *Con il tuo ordine riceverai comunque il tuo catalogo. Potrai leggere tutto.* Poi discutemmo del piano di retribuzione e gli feci una proposta di ordine. Poiché mio fratello allora non era un fan delle sostanze vitali (nel frattempo anche in questo è cambiato) rinunciai a dargli maggiori informazioni sui prodotti.

Quando iniziai l'attività nel 1999, per me era particolarmente importante che ci fosse il libro sull'OPC di Anne Simons. Il libro è indipendente e acquistabile in ogni libreria. Allora capii subito: se esiste un libro che **non** proviene dalla nostra azienda e che definisce l'OPC la "vitamina anti-invecchiamento del secolo" so che questa è la miglior prova e non ne devo più discutere. Per questa ragione ancora oggi non conduco alcun colloquio senza avere in mano il libro da poter mostrare. Penso che un nuovo collaboratore debba avere una "prova" e io credo che la quota di coloro che entrano nell'attività è notevolmente maggiore con il libro. Per questo non comprendo perché spesso questo "attivatore di quote" non venga utilizzato.

Alla fine, speranzosa, posi a mio fratello la domanda più importante: *Pensi di poterlo fare?* E lui rispose: *Certo, è semplice!* Ero entusiasta. In questo modo avevo raggiunto due risultati essenziali. Già lo sapete, un nuovo collaboratore ha due domande in testa. La prima: *Che vantaggio ne ho?* In questo caso si tratta di nuovo del PERCHÉ. Conoscevo quello di mio fratello e lo avevo integrato nel piano. La seconda domanda è: *Posso farlo anch'io?* E a questa domanda mio fratello aveva già risposto di sì. Nella seconda domanda ha un ruolo importante anche il tempo che ho impiegato per la presentazione. Il nuovo collaboratore deve potersi immaginare di integrare l'attività nella sua giornata già piena.

L'indipendenza spaziale e temporale è un ulteriore motivo per cui preferisco il colloquio "uno a uno". Un aspetto è particolarmente importante: se usiamo strumenti come cd e libri e l'interessato ha già sentito parlare o ha letto dell'attività, non abbiamo bisogno di troppo tempo per la spiegazione. In questo caso è più probabile che l'interessato immagini di avere il tempo per l'attività e **anche** di poterla svolgere. Michael Strachowitz scrive nel suo articolo "Il colloquio di reclutamento individuale":

> *Qual è il luogo giusto, vi chiederete a ragione, per presentare la vostra attività? La risposta logica è: nel luogo in cui la vostra attività ha la sua sede, a casa vostra! Il network-marketing è un'attività che si può condurre da casa. Proprio questo lo rende così attraente a molte persone. E proprio in questo modo l'interessato dovrebbe conoscerlo, come "Home based business".*

Penso che il colloquio personale e le informazioni del catalogo si possano effettuare ovunque e in qualsiasi momento. I cataloghi esistono già in diverse lingue (trovate i formulari anche sul sito web del nostro gruppo alla voce "Downloads"/ "Cataloghi").

La raccomandazione è la miglior pubblicità

La pubblicità più efficace è la raccomandazione a voce di un amico. Oggi abbiamo un "informations overkill", ciò significa che veniamo inondati ogni giorno da tantissime informazioni, pari a quelle che a una persona 100 anni fa non arrivavano in tutta la vita. Penso che per proteggerci chiudiamo semplicemente le orecchie e le apriamo solo se ...? Già, cosa ci fa aguzzare le orecchie? Pensateci.

Ci sono due punti particolarmente importanti. Uno di questi è la **curiosità**. La curiosità è il maggiore traino per le persone. Se riusciamo a incuriosire qualcuno, ci ascolterà sicuramente.

Il secondo punto è la **relazione** che abbiamo con la persona che ci racconta qualcosa. Questo è il fattore più importante. Oggi so che la migliore presentazione non funziona se la "chimica" non è quella giusta. Avete mai comprato qualcosa che in realtà non vi serviva da qualcuno solo perché quella persona vi era simpatica? Sicuramente vi sarà anche capitato di non comprare un oggetto necessario solo perché avevate una sensazione negativa. Pensate ancora che le decisioni di acquisto avvengano per motivi razionali?

Nostro nonno (ha quasi 90 anni e fa ancora gli acquisti da solo) di recente mi ha fatto un super esempio: *Compro i miei piatti pronti da "Surgelo". Sono più cari rispetto a "Pupazzo di neve", ma il commesso è più gentile.* Per questo vedo il futuro nell'"attività di relazione" che si distingue nettamente da una "relazione d'affari".

Il potere della duplicazione

L'efficacia sta nella semplicità. Più si riescono a creare metodi d'attività facilmente riproducibili, tanto maggiore sarà il nostro successo. Per questo puntiamo su strumenti neutrali, quindi libri e cd che possono essere utilizzati da TUTTI, cosa che permette una semplice e rapida duplicazione ("franchising per tutti").

> Non è sufficiente che qualcosa funzioni, è importante che sia riproducibile!

Questo è un principio molto importante. La duplicabilità supera tutto. Per cui fate un grande favore a voi stessi e al vostro sponsor: non cominciate a pensare all'inizio se le brochures potrebbero essere fatte meglio ... o se potrebbero essere modificate qua e là ...

Nel "5° principio" di M. S. Clouse ho trovato un passo interessante sulla modifica di un sistema sotto la spinta di imprenditori energici:

La sfida – e in questo caso si tratta di una sfida – è riconoscere che anche se il loro (oppure il vostro?) metodo fosse migliore non funzionerebbe alla lunga. Perché? Perché, ripeto, quest'attività attira tante persone entusiaste e cariche di energia. E se ognuno di voi cerca di imporre il proprio tentativo di cambiare il sistema, allora in brevissimo tempo non vi sarebbe più alcun sistema. Chiedetevi: "Cosa voglio veramente?" E se la risposta è: "Prima costruire e poi essere retribuito per il resto della vita", allora dovreste imparare ad apprezzare la duplicabile semplicità del sistema e concentrare il vostro spirito imprenditoriale sulla costruzione di un gruppo di distribuzione.

Questo mi piace molto ed è assolutamente vero. Credetemi: nella vostra upline ci sono alcune persone, inclusa me, molto interessate al fatto che abbiate successo. Se vi sono delle possibilità di miglioramento a lungo termine allora ve le insegneremo.

Per questo abbiamo il nostro sistema come cornice o anche struttura. Ciò significa che i contenuti sono gli stessi. Naturalmente non le parole. Questo è un importante presupposto per poter offrire lo stesso training ovunque in Europa e nel mondo. Per voi può ancora non essere rilevante. Ma credetemi, appena il vostro team avrà raggiunto le dimensioni che desiderate sarete **molto** grati per il nostro calendario di eventi. In esso trovate a livello europeo le date degli incontri-training o eventi a cui anche i vostri collaboratori, ovunque essi abitino, possono partecipare. Naturalmente va da sé che gli organizzatori non possono fare il nostro lavoro. Ciò significa che, in ogni caso, dobbiamo aver condotto un colloquio iniziale con il nostro nuovo collaboratore prima che partecipi ad un training da qualche parte.

La nostra azienda nel frattempo ha anche sviluppato un GLOBAL TRAINING SYSTEM. Si tratta di un sistema per iniziare con successo l'attività disponibile ormai in molte lingue. Noi del GabisteinerTEAM utilizziamo questo sistema perché vediamo in esso una possibilità eccezionale per una crescita internazionale.

Ancora un paio di considerazioni sull'effetto pratico della duplicazione. Nell'esempio precedente abbiamo calcolato con cautela solo fino al livello dei "Daniele" sponsorizzati dalle "Cristina", cioè fino al quarto livello. Ma non bisogna fermarsi lì. Nel puro marketing del passaparola, dove non viene consumato denaro per intense attività di intermediazione, si possono pagare provvigioni anche a livelli più profondi. Potete calcolare da soli cosa succede se i "Daniele" mostrano alle "Emilia" nella loro cerchia di conoscenti questa possibilità geniale e le "Emilia" lo mostrano a loro volta ai loro "Federico" e i "Federico"...

A questo punto voglio soffermarmi su uno dei punti più importanti che a mio avviso spesso viene sottovalutato e per questo forse trascurato. Ecco una citazione dal libro del mio sponsor Don Failla:

Il marketing del passaparola funziona al meglio quando molte persone coprono il loro fabbisogno individuale e in aggiunta quello del loro ambito personale – amici, parenti e conoscenti – con dei prodotti. Ciò è decisamente più efficace che se un venditore di punta vuole fare tutto da solo. Il miliardario Paul Getty affermava a questo proposito: "Preferisco trarre l'1 per cento dal lavoro di 100 persone che il 100 per cento dal mio stesso lavoro.

Consideriamo nuovamente i numeri della seconda, terza e quinta duplicazione. Nel nostro esempio contavamo 30, 120 o 780 collaboratori attivi. Con 780 collaboratori nel team avrete in qualsiasi azienda un fatturato ragguardevole. Cosa succede se ognuno dei 780 collaboratori avesse una madre che usa solo i prodotti? Non avremmo allora solo un fatturato di 78.000 euro come nell'esempio, ma di 156.000 euro. E immaginate se ognuno raccomandasse i prodotti ai propri genitori e alle proprie nonne. Ogni collaboratore avrebbe allora tre clienti. Ciò significherebbe un fatturato quadruplo (io + genitori + nonna = quattro persone) = 312.000 euro di fatturato. Potete comprendere quanto sia importante questo fattore? I più coraggiosi possono immaginarsi anche cinque o dieci clienti, questo lo lascio alla vostra fantasia.

La nostra azienda produce oltre 60 prodotti che vanno dalle sostanze vitali naturali fino alla cura del corpo e della pelle. C'è un prodotto per chiunque. Considerereste eccessivo il numero che risulterebbe se ognuna di queste 780 persone, oltre alla provvista-base di vitamine, acquistasse dalla propria azienda anche un prodotto per la cura della pelle e il dentifricio?

Vi rivelo un fatto: il nostro dentifricio ha un punto volume di 3,1 (e inoltre è fantastico). I punti volume sono una valuta fittizia espressa in "IPs" (International Points), dove un "IP" corrisponde all'incirca ad un Dollaro americano. Se ogni collaboratore del mio team ordinasse dalla sua azienda mensilmente oltre ai prodotti che già usa anche un dentifricio, si genererebbe in tutto il mio team un fatturato di circa 125.000 dollari. Il cinque per cento di questa somma sarebbe un bell'aumento dello stipendio mensile. Enorme, non è vero? Questo è il marketing del passaparola!

Vi rivelo ancora una cosa: nel mio caso non ha più alcuna importanza, ma se iniziate con il network-marketing, indipendentemente dall'azienda, vi do un buon consiglio: acquistate prodotti di cui comunque avete bisogno e di cui la vostra azienda dispone. Acquistate in ogni caso dalla vostra azienda anche se i prodotti dovessero costare qualche euro in più. Ho già spiegato che proprio in questa forma distributiva la qualità deve essere al primissimo posto. E la qualità ha il suo prezzo, sempre. Ha una grande rilevanza se le vitamine vengono prodotte in modo sintetico o se derivano da frutta e verdura.

A questo punto non voglio dimenticare di sottolineare che, generalmente, tutti i prodotti distribuiti con la vendita diretta devono essere migliori di quelli dei negozi. Poiché in questo settore ci muoviamo nel "mercato caldo", quindi nella cerchia degli amici, sarebbe una catastrofe se i prodotti non funzionassero. Per questa ragione nel nostro settore trovate esclusivamente prodotti della più alta qualità. Un'azienda che non offre qualità assoluta non può per esperienza sopravvivere a lungo sul mercato. Paula Pritchard scrive nel suo libro "Es ist Dein Leben" (È la tua vita):

All'inizio della vostra attività ordinate di ogni prodotto della vostra azienda due esemplari. Uno per prova e uno per la vendita.

Ecco la buona notizia: nel nostro caso non dovete vendere, quindi basta un esemplare solo.

D'altra parte, a questo punto non voglio nascondervi che avrete successo più velocemente se utilizzate molti prodotti. Questo è semplicemente dovuto alla duplicazione. Il vostro nuovo collaboratore vi chiederà: *Cosa usi ...?*

> Non ci serve un tesoro di conoscenze
> ma un tesoro di esperienze.

A mia madre raccontai: *Conosci la mia situazione, non raggiungo il mio obiettivo con la mia attività. Per questo ho avviato una seconda attività con un'azienda di esperienza, da decenni specializzata nel settore anti-aging e delle sostanze vitali. Hanno prodotti geniali di cui hai assolutamente bisogno. Ti do da leggere un libro sull'"OPC", uno dei prodotti principali.*

Non ebbe nulla da obiettare. Sul mio sito alla voce "La mia strada", verso la fine, trovate delle sue foto all'età di 71 anni. Lei è oggi un esempio vivente che sia i prodotti che l'attività funzionano.

Cosa succede invece se offro un solo prodotto? Allora non mi devo stupire se il mio interlocutore pensa che io sia un venditore. Don Failla sostiene: *La maggioranza conosce il network-marketing tramite amici o conoscenti che offrono loro qualche prodotto. C'è da stupirsi allora se si confonde il network-marketing con la vendita diretta?*

Proprio poiché su questo argomento si discute sempre in modo animato e poiché sono nati molti malintesi, ho dedicato al tema già un intero capitolo:

L'uovo o la gallina?

Un tema apparentemente controverso nel marketing del passaparola è la questione: *Prodotto o attività?* – oppure: *L'uovo o la gallina?* Anch'io impiegai anni per giungere davvero ad una chiarezza. Penso nel frattempo di aver capito qualcosa del settore, e vi dico chiaramente qual è la mia risposta: non si tratta affatto della domanda *prodotto o attività* o addirittura di scegliere una modalità di lavoro o l'altra!

> Non si tratta né dell'uovo né della gallina. Si tratta della fattoria. Si tratta delle persone, dei loro obiettivi e dei loro sogni. Nel nostro esempio quindi si tratta di vedere attraverso quale porta le persone entrano nella fattoria.

Questo è ciò che intendo con il termine "concetto di vita". Oggi sono convinta che non si possono scindere questi due aspetti. Se una persona è sempre tormentata da preoccupazioni economiche, prima o poi ne risentirà anche la sua salute. E se la salute non funziona, bisogna essere economicamente in grado di arrivare a 100 anni …

Da oltre 30 anni sono un'assoluta sostenitrice delle vitamine. Già nel 1972 cercai nel mio ambito di consigliare un'alimentazione più sana alle persone con problemi di salute. Sapete cosa ho notato? *Un tipico svevo preferisce morire piuttosto che rinunciare al suo arrosto e all'insalata di patate.* Cosa intendo dire?

Il mio obiettivo era originariamente quello di far sì che molte più persone si alimentassero meglio e conducessero una vita sana. Come posso raggiungere questo obiettivo? Convincendo ognuna di loro che ha bisogno di vitamine? Oggi so per esperienza che questo percorso funziona solo difficilmente … Durante i miei seminari presento sempre il seguente disegno della fattoria e spiego che essa ha due porte.

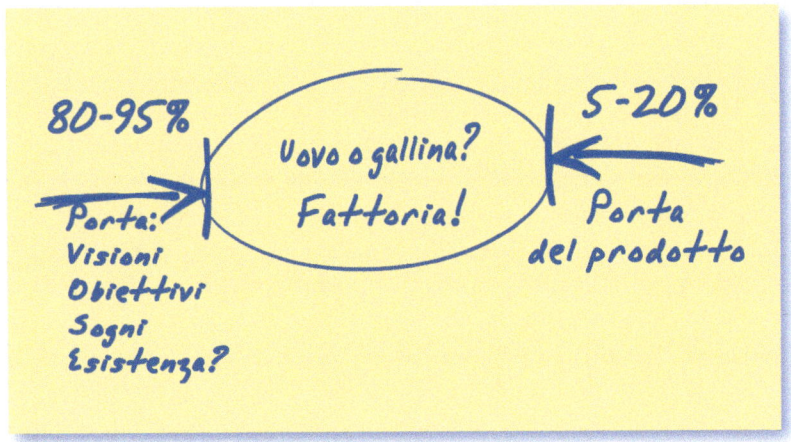

Una porta è quella del prodotto. È la porta da cui entrano le persone che usano già gli integratori alimentari e ne sono entusiasti. Dalla mia domanda posta al pubblico emerge solitamente che solo dal 5 al 20 per cento delle persone arrivano a noi attraverso questa porta. Ciò significa naturalmente al contempo che dall'80 al 95 per cento delle persone **NON** sono entrate da questa porta. Queste persone entrano dall'altra porta: obiettivi, visioni, tempo, reddito passivo, tempo libero, eccetera. Subito dopo pongo la domanda successiva: *Chi tra di voi, che **non** è entrato dalla porta dei prodotti, è oggi convinto al cento per cento della validità dei prodotti?* Sorprendentemente rispondono esattamente le stesse persone.

Cosa si deduce da tutto ciò? Indipendentemente da quale parte entriate, quando siete dentro avete bisogno di TUTTE le informazioni. Perché? Perché sicuramente avrete collaboratori che vorranno utilizzare l'altra porta. Ecco perché il mio motto da molti anni è:

> Scopri cosa l'altro vuole e aiutalo a raggiungerlo.

Quindi torniamo al discorso dell'ascolto ...

Io personalmente preferisco l'ingresso dalla porta "obiettivi-sogni". Se qualcuno poi non vuole o non vuole ancora avviare l'attività posso sempre offrirgli i prodotti. Naturalmente la cosa non funziona in senso contrario.

Il dottor Joseph Rubino scrive:

Il network-marketing nacque dalla concezione di trasmettere ad altri l'entusiasmo per un prodotto eccezionale. Negli anni 60 e 70 le strategie di vendita miravano a convincere il cliente del valore di singoli prodotti spiegandone le particolarità e i vantaggi: mostrare e spiegare, tutto qui. Quindi: mostra il prodotto e racconta la storia. Questa tecnica "mostra e racconta" funzionava perfettamente fino a quando a livello mondiale venivano vendute solo poche migliaia di prodotti. Comprendete perché oggi non può stare al centro solo il prodotto stesso? Naturalmente i prodotti devono essere eccellenti e normalmente lo sono anche ...

... ma c'è ancora molto, molto di più! Nel marketing del passaparola si tratta di persone. Nel migliore dei casi si tratta di persone che vogliono acquisire il controllo della loro vita, seguire i loro sogni, vivere secondo i propri valori e soprattutto sostenere altri a fare lo stesso. Questo è ciò che oggi mi entusiasma, la possibilità di condurre un'altra vita e la possibilità di aiutare altri a farlo.

Io aggiungerei: aiutare anche coloro che non sanno e non vogliono vendere. Secondo Don Failla sono il 95 per cento di tutte le persone. Per questo il puro marketing di raccomandazione è tanto geniale. Perché anche il collaboratore più timido ha la capacità di raccontare ai suoi amici di una vita migliore.

Il dottor Rubino aggiunge:

Per questo nel MLM (marketing multilivello) i venditori che vengono dal commercio tradizionale falliscono spesso. Sono talmente indottrinati dal prodotto che perdono di vista la persona. Si concentrano sull'aspetto sbagliato o solo sul prodotto o solo sul guadagnare denaro attraverso la vendita del prodotto. Ma per nessun altro tutto ciò è importante come per lui. Ciò che tuttavia è importante per tutti su questa terra sono le relazioni. E nel networkmarketing si tratta di relazioni, relazioni durature. (...)

Proprio così vedo oggi la nostra attività. Sono orgogliosa di lavorare come facciamo. Naturalmente anche tra di noi non tutti hanno successo, ma sicuramente queste persone non hanno buttato soldi al vento e quindi non hanno perso niente, a parte magari un paio di rughe. Di questo vado enormemente fiera.

Più di tutto sono orgogliosa del nostro team. È composto da persone eccezionali, piene di entusiasmo. Si assumono la responsabilità della propria vita e svolgono un eccezionale lavoro di squadra. Perché? Perché possiamo solamente avere successo se aiutiamo altri a raggiungerlo. È indifferente a quale gradino siamo arrivati, possiamo avanzare solo se aiutiamo i collaboratori del nostro team a raggiungere lo stesso livello. Non c'è un'altra via.

In questo modo nasce il nostro "spirit", il nostro cosiddetto "USP" ("Unique Selling Proposition"), cioè il nostro segno distintivo esclusivo. E questo mi piace. Coloro che realmente vogliono questo, si trovano bene con noi, non hanno alcuna pressione ma hanno invece un vero guadagno passivo che cresce, magari all'inizio piano, ma poi in modo costante.

E i prodotti? Sono semplicemente ottimi. Sono così buoni che vengono comprati e utilizzati volentieri, questo va da sé. Sono naturalmente importanti, addirittura molto importanti. Soltanto ho notato che molte persone ancora non si sono occupate di questo tema, per questo non sono interessate. Oppure sono state spaventate da "venditori" iperzelanti e la porta del prodotto per entrare nella fattoria è chiusa. A tutte queste persone voglio comunque offrire la possibilità di cambiare la loro vita e per questo apro l'altra porta: quella delle visioni e dei sogni. Stando alla mia esperienza, attraverso questa porta passa la maggior parte delle persone. Alla fine si tratta soltanto di una questione di sequenza.

Io personalmente invito **ogni** persona che inizia l'attività ad acquisire il più **rapidamente** possibile, attraverso i libri, la sicurezza che i prodotti sono utili ed importanti. Ho imparato che tutti coloro che hanno iniziato per altri motivi, prima o poi notano l'efficacia delle sostanze vitali e cambiano opinione. E questo è alla fine anche il mio obiettivo. Un altro vantaggio è che chiunque abbia fatto l'esperienza di quanto i prodotti gli facciano bene, continuerà ad essere attivo come consumatore anche nel caso in cui non voglia sfruttare le possibilità di guadagno.

So quanto aumenta la sicurezza quando si è sperimentata l'efficacia dei prodotti su di sé o nel proprio ambito. Improvvisamente la persona ha tutta un'altra sensazione. Parla in modo entusiasta e con sicurezza interiore, ha un'aura completamente diversa e improvvisamente ha successo. Per questo è necessaria la "ricerca di mercato personale" nella nostra cerchia familiare. Ciò non significa affatto che non dobbiate parlare con le persone finché non abbiate questa sensazione. Per questa fase iniziale disponete degli strumenti di lavoro e del vostro sponsor.

Voglio chiarirvi con un racconto perché questo capitolo è tanto importante. Una collaboratrice spiegava ad una signora italiana il cui marito era deceduto alcuni mesi prima il principio del marketing del passaparola. La signora e sua figlia avevano constatato dopo la morte del congiunto che la loro situazione finanziaria era molto difficile e cercavano un'alternativa per garantirsi delle entrate.

Furono subito entusiaste di questa opportunità. Appena le furono presentati i prodotti dell'azienda, la madre iniziò a piangere. Aveva già utilizzato il prodotto con ottimi risultati ma a causa delle ristrettezze economiche aveva dovuto rinunciarvi dopo la morte del marito. Lo sponsor non l'aveva informata né sulla possibilità di finanziare il prodotto né sull'opportunità di crearsi un secondo guadagno o addirittura un'attività in proprio! Lei non sapeva niente della fattoria. Chi di noi è in grado di giudicare chi ha bisogno di un'opportunità e chi no? Io no. Credetemi, ci sono abbastanza persone che guidano una macchina strepitosa ma che non sanno come pagare il prossimo rifornimento di carburante.

Per riassumere: naturalmente abbiamo bisogno anche di clienti e consumatori. Ma lascio a ciascuno la possibilità di decidere se vuole l'uovo, la gallina o la fattoria. Ciò significa che, a chi non vuole lavorare attivamente nel marketing del passaparola, offro comunque i prodotti, naturalmente attraverso uno strumento neutrale. Tutto chiaro?

La lista dei nomi

Devo confessare che ho cambiato radicalmente la mia opinione a proposito della "lista dei nomi". In molti libri sul networking si legge che all'inizio bisogna compilare una "lista dei nomi" o una "lista delle persone" o una "lista dei cento". Ciò non mi metteva a mio agio, perché io semplicemente parlavo spontaneamente con chiunque della mia attività. Ne avevo subito riconosciuto l'opportunità e niente mi avrebbe potuto fermare. Nella mia precedente attività di vendita diretta, 20 contatti al giorno erano normali, gli annunci venivano regolarmente pubblicati e per me era una stupidaggine trovare cinque persone disponibili. La stessa cosa accadde a Lissy e a Isolde, anche loro non avevano bisogno di alcuna lista cosicché ne abbiamo sempre sottovalutato l'importanza. Per fortuna si può cambiare idea.

Ho cambiato radicalmente la mia opinione sull'argomento e oggi penso che questa lista può essere la base per la sopravvivenza per la maggioranza delle persone. E questo ha una ragione specifica: ognuno conosce almeno 200 persone nel suo ambito ristretto e più lontano. 100 ne bastano all'inizio per la lista. Si spera che il nuovo collaboratore abbia influenza su alcune persone di questa lista e che sia considerato credibile. Non sarà quindi un problema all'inizio chiedere aiuto ad un paio di membri della famiglia e ad amici. Abbiamo bisogno di un paio di consumatori per un "sondaggio personale di mercato". Nel nostro ambito ristretto non dobbiamo essere particolarmente "bravi" e "allenati", basta che siamo come al solito. Possiamo dire per esempio: *Zia Anna, conosci la mia situazione, la mia azienda chiuderà presto e non voglio aspettare di finire sulla strada. Ho appena iniziato a costruirmi una seconda attività autonoma e ho bisogno del tuo aiuto. Mi vuoi appoggiare?* E ancora: *La mia azienda ha alcuni ottimi prodotti naturali. Mi aiuteresti molto nella mia fase iniziale se ordinassi dei prodotti che comunque usi in casa. Ecco il catalogo ... Esistono anche degli ottimi prodotti nel settore prevenzione e salute. Ti do subito un cd che puoi ascoltare e poi ne parliamo.*

È importante che il nuovo collaboratore all'inizio veda rapidamente i risultati e che al terzo bonus possa già rifinanziare il suo stesso prodotto. Un ulteriore vantaggio da non sottovalutare è che i familiari acquistano fiducia nei prodotti di consumo corrente e sarà possibile quindi conquistarli anche per gli altri prodotti. Vi garantisco: se provate una volta il nostro dentifricio, non ne vorrete più nessun altro.

Credo che nessuno vi rifiuterà questa richiesta di aiuto. E ciò porta a risultati molto importanti per la nostra sicurezza, per la sensazione "di pancia" e per la fiducia nelle possibilità del marketing del passaparola. Non è un'attività basata sul "vendere e convincere" ma piuttosto sul "**filtrare e selezionare**". Ciò è importante, si tratta solo di trovare all'inizio con il nostro nuovo collaboratore quei quattro o cinque nomi della lista che cercano **qui e ora** una possibilità di cambiamento. Anche la "quota" ha un ruolo importante, cioè con quante persone devo parlare finché ne sponsorizzerò una. Non tutti coloro che sono sulla vostra lista saranno subito entusiasti all'idea di fondare un'attività o di provare un prodotto (non ancora?). Questa è semplicemente la verità con la quale dobbiamo convivere.

Supponiamo la vostra quota sia 10:4:2:1. Ciò significa: se per **10** volte diamo il catalogo, in media **4** persone effettuano l'ordine, **2** persone usano semplicemente i prodotti e **2** li raccomandano attivamente. Di questi due solo **1** parte bene mentre l'altra raccomanda solo per caso. In quanto professionista del networking valuto questo tema in modo del tutto spassionato. Io considero la sponsorizzazione di un nuovo collaboratore come un pacco-sorpresa dal quale non so mai cosa salterà fuori. Non ho bisogno di dirvi che la quota migliora più spesso conducete un colloquio. Anche in questo caso profittiamo dell'esperienza. La quota varia completamente da persona a persona e dipende da fattori come atteggiamento positivo, credibilità, capacità di comunicazione e rapporto con l'interlocutore. Una cosa è certa: la quota dimostra che ognuno ce la può fare. Chi ha una quota più bassa ha semplicemente bisogno di un paio di colloqui in più. Il bello è che abbiamo tempo. Noi diciamo:

> La costanza batte la velocità.

Penso che se un nuovo collaboratore sa questo all'inizio e lo accetta come **NORMALE** non avrà problemi se qualcuno gli dirà NO. Saprà che è importante per il suo successo, perché dal mio esempio ha imparato che per ottenere quattro SÌ avrà bisogno di sei NO. (Anche se in realtà non avrò praticamente nessun NO quando lavoro secondo il mio schema. Se il mio interlocutore non è interessato semplicemente mi fermo.) Per questo la lunghezza della lista è tanto importante anche per ragioni psicologiche. Immaginatevi che un nuovo collaboratore abbia solo cinque nomi sulla sua lista e che tre gli rispondano no, sarebbe una catastrofe ...

David Ledoux parla di questo argomento in modo molto dettagliato nel suo "filo conduttore ultimativo". Egli ritiene molto importante che questa lista venga stilata con il nuovo collaboratore. Altrimenti non ci sarà probabilmente mai nessuna lista e in questo ha ragione al cento per cento. Se non stiliamo con il nostro nuovo collaboratore questa lista non ve ne sarà mai una.

Come si stila in pratica una lista dei nomi? Ecco un paio di consigli: procuratevi il formulario dei contatti dal vostro sponsor o dal vostro gruppo di appartenenza, o munitevi semplicemente di un block notes e di una penna ed elencate: amici stretti, parenti, conoscenti, vicini ... Pensate poi che ogni persona che annotate sulla vostra lista potrebbe essere qualcuno con cui costruite la vostra attività e diventate economicamente indipendenti. Senza valutazioni. Ciò significa, non decidete per chi qualcosa possa essere interessante e per chi no. Non si può leggere in faccia a una persona se necessita di un'opportunità oppure no. Per questo dovremmo raccontare ad ogni persona la nostra storia dandole così una possibilità.

Quando questa cerchia ristretta è annotata, potete allungare la lista con questi suggerimenti:

- ► Quotidianità: fornaio, parrucchiere, ufficio di viaggi, medici, naturopata, rivenditore d'auto, tintoria, postino, meccanico, affittuario, pittore, agente assicurativo ...

- ► Lavoro: attuali o ex-colleghi, soci d'affari o di commercio, attuali o ex-clienti, ex-datori di lavoro, liberi professionisti, conoscenti di viaggio, conoscenti all'estero, fiere, commercialista, bancario.

- ► Scuola/formazione: asilo, compagni di scuola, università popolare, colleghi di studio, insegnanti, partecipanti a seminari o a corsi serali.

- ► Sport/hobby: palestra, club di ballo, corso di pittura, piscina, club di golf.

- ► Associazioni: consiglio dei genitori, partito, comune.

Il criterio più importante per il vostro colloquio è scoprire perché una persona potrebbe essere interessata a guardare da vicino la vostra attività. Del PERCHÉ ho già parlato nella prima parte di questo libro.

> Più disciplinati siete con la lista dei nomi e più dati raccogliete su queste persone, tanto maggiori saranno le chance di successo.

Annotatevi tutto ciò che sapete dei contatti. Hobby, professione eccetera. Annotate tutti i dettagli tipo: "costruito casa", "rate da pagare", "desidera una macchina", "ama viaggiare per il mondo", "è genitore single", "ama la pesca", "velista", o quant'altro ascolterete durante il colloquio. State attenti. L'attenzione è qualcosa di straordinario e al giorno d'oggi è diventata rara. L'attenzione si nota. E poi prendete contatti. Quando avete parlato con qualcuno che non si è ancora deciso, allora coltivate in ogni caso il contatto.

Può essere un augurio per il compleanno o l'anniversario, un biglietto per Natale, un invito a partecipare ad un seminario sulla personalità o al vostro party in giardino o una domanda sulla sua salute. Se conoscete i suoi hobby potete inviargli un articolo di giornale sul suo passatempo o su un altro tema che gli interessa. Oppure può essere un'indicazione su un programma televisivo che tratta del suo hobby.

Un punto elementare è:

> Quando riprendete il contatto parlate di tutto tranne che del marketing del passaparola.

Ledoux sostiene nel suo libro: *Comunicate finché quelle persone iniziano l'attività, muoiono o si trasferiscono ...*

Naturalmente la lista dei nomi si allungherà. L'obiettivo dovrebbe essere quello di aggiungere ogni settimana nuovi nomi. Una tale lista non si esaurisce mai.

Ogni volta ci sarà un nuovo articolo, un nuovo consiglio per un libro, registrazioni di telefonate o di un videoclip su un determinato ambito che riguarda il nostro tema. Tutto ciò che inserisco nella cosiddetta "hotline" dovrebbe essere uno spunto per riguardare la lista dei contatti e riflettere a chi potrebbe interessare e chi potrebbe approfittare di questa informazione.

"La scatola dei non ancora"

Ho raccontato la mia storia a tutti coloro che me l'hanno chiesto. E la maggioranza di loro mi aveva chiesto di raccontargliela. Perché? Perché prima io avevo chiesto **LORO**, cosa **LORO** fossero di professione ... Questa è la differenza. Posso aspettare finché qualcuno casualmente mi domanda, posso però anche andare attivamente verso le persone e mostrare loro vero interesse. Alcuni hanno chiesto ma non erano interessati. Questa è di nuovo una questione di quote. Ma in base alla mia esperienza sono sicura al cento per cento che:

Non esiste un "no", esiste solo un "non ancora". Quando noto che il mio interlocutore, dopo che gli ho raccontato la mia storia, non è interessato ad altri dettagli, questa reazione non la prendo assolutamente in modo personale. Perché non ha nulla a che fare con me, ma semplicemente con il momento. Semplicemente lo colloco mentalmente nella "scatola dei non ancora". Forse il momento non era quello giusto? Ho piantato un seme che ora posso innaffiare. Questo è un vantaggio enorme quando lavoriamo in un mercato caldo.

"Annaffiare" significa, come ho già spiegato nell'ultimo capitolo, lavorare attivamente con la lista dei nomi e **"lavorare con intenzione alla costruzione di relazioni senza aspettative"**.

Esiste anche un'altra forma di "scatola dei non ancora". Vi si trovano le persone che vogliono diventare attive ma che **FINORA** non hanno ancora iniziato. Ecco a questo proposito un racconto:

Nel 2000, durante un viaggio al nord, sponsorizzai una coppia di Brema. Al ritorno con il nostro camper facemmo una sosta a Braunschweig per incontrare il mio ex collega Lothar. Egli ordinò i prodotti, ma per l'attività chiese il parere di un amico che gli consigliò di lasciar perdere. Per fortuna, nel frattempo il prodotto funzionò così bene che Lothar continuò a ordinarlo. Un anno dopo i due di Brema erano già al livello più alto e io telefonai di nuovo a Lothar. *Avrei di nuovo tempo per sponsorizzare qualcuno. Vuoi iniziare o aspettare un altro anno?* Lothar iniziò dopo che anche il suo amico Jörg si era lasciato convincere. Jörg sponsorizzò Uwe. Dove pensate che viva Uwe oggi? A Mallorca.

Potete immaginarvi cosa significasse per me? Subito organizzammo un viaggio di lavoro sull'isola. Uwe aveva già molta esperienza nel campo del network e fece un eccellente lavoro di costruzione così che al primo seminario, il 29 giugno 2002, parteciparono 36 collaboratori. Cosa ne derivò? Gli isolani sono un team eccezionale. Da quel gruppo emersero 11 "diamanti", di cui tre sull'isola. Tutti insieme generano attualmente un fatturato di oltre otto milioni di euro l'anno. Non sottovalutate quindi i "Lothar" che per lungo tempo utilizzano esclusivamente i prodotti.

Io trascorro molto tempo sull'isola. È semplicemente meraviglioso soggiornare lì, per me è pura qualità di vita. La luce è fantastica. Facciamo escursioni su alte montagne con la vista sul mare. Come detto: dove è scritto che il training si debba svolgere in una stanza? Nel frattempo sono diventati famosi i nostri training in piscina. Durante il lavoro, nel vero senso della parola, "l'acqua ci arriva alla gola". Nel frattempo ho talmente tanti amici sull'isola come non mi sarei mai immaginata. **Amo il marketing del passaparola!**

Una volta che avete compreso ciò, sapete perché consiglio di sponsorizzare le persone che apprezzate veramente ...

Avevo semplicemente offerto a Lothar una possibilità al momento sbagliato. Oppure non credeva in sé. Nel 2006, poco dopo aver terminato l'università per diventare giurista economico, raggiunse lo status "diamante con 1 stella" e potrebbe così già mettersi a riposo. (Tra l'altro: la sua tesi di laurea era intitolata "Network-marketing – una nuova forma di indipendenza e di impresa"). Nel mio team ho persone che hanno bisogno di più tempo e che usano i nostri seminari per sviluppare la propria personalità. Questo è uno degli aspetti che mi stanno a cuore.

Di recente ho ricevuto una mail da Annelie:

Mi hai chiesto dei miei obiettivi. Questa domanda mi ha fatto riflettere perché mi sono sentita scoperta. Anch'io vorrei stare sul palco come te e raccontare alle persone della mia esperienza con questo fantastico marketing della raccomandazione. Ho letto molti libri sul networking e ognuno di essi mi ha entusiasmato. Ma poi ho problemi con la realizzazione. Mi sento come paralizzata e contemporaneamente mi vergogno di non riuscire. Spero tanto che non mi lascerete perdere e che mi darete tempo per risolvere questo nodo. Mi consola aver ascoltato su un cd che anche Tom Schreiter impiegò due anni per sponsorizzare una persona. Io non voglio però impiegare così tanto.

Ecco le mie parole per Annelie e per tutte le "Annelie" del mondo: prenditi il tempo di cui hai bisogno, hai tutto il tempo del mondo! Ecco come potrebbe essere la tua storia: *Ho conosciuto una possibilità di rendermi finalmente economicamente indipendente. Al momento non ho ancora il coraggio e non ho ancora iniziato. Ma solo la possibilità di poter sviluppare la mia personalità e i miei talenti è già una cosa fantastica!* Questo sarebbe onesto e potrei immaginarmi che l'una o l'altra persona ti potrebbe porre delle domande a questo proposito. Ed ecco che senza pressione sei in mezzo ad una conversazione. Ho solo una richiesta: fai sapere al tuo sponsor che ti trovi nella "scatola dei non ancora". (Durante le mie conferenze adesso la chiamo la "scatola Lothar").

Nel nostro settore, ognuno è il proprio capo. Qui non esistono né direttive aziendali, né pressione. Per questo è particolarmente importante che l'impulso parta da voi.

Alcune persone con cui entriamo in conversazione hanno forse avuto un'esperienza negativa con la vendita diretta e al momento non ne vogliono sapere. Non c'è problema, credetemi, le situazioni cambiano. Pensate a mio fratello o a Lothar.

Per esperienza so che nessun **NO** è definitivo perché l'atteggiamento cambia in modo molto determinante nel corso del tempo a causa del mutare delle circostanze. Alcuni guardano semplicemente come l'attività si sviluppa per voi.

La famiglia di Lissy e Werner ha raggiunto un record. Solo nella loro famiglia ci sono **tre** collaboratori-diamante. La sorella di Lissy si aggiunse a noi dopo un anno, il fratello dopo quattro anni e mezzo. Nel caso di

Werner le cose procedettero più velocemente. Una sorella, Elfi, che vive in Svizzera, si aggiunse dopo sei mesi, Sigrid con il cognato Walter dopo tre anni e mezzo. Il fratello di Werner, Dieter, era già dal principio consumatore dei prodotti, ma iniziò solo dopo quattro anni e mezzo a partecipare direttamente all'attività. Quando a Walter sul palco venne consegnata l'onoreficenza di bronzo disse: *Ho osservato tutto dalla Svizzera e sono molto grato a mio cognato di non avermi mai costretto.*

> Siamo "Net-WORKER" e non "Net-STRANGOLATORI".

Per questo vi raccomando anche:

La vaccinazione preventiva e la tecnica della lumaca

Nel già menzionato libro di Mark e Rene Yarnell trovai indicazioni decisive che mi portarono a questo punto. Gli autori scrivono che il 95 per cento di tutti i networker che rimangono attivi raggiungono il loro obiettivo. Purtroppo il numero di coloro che non arrivano così lontano è molto alto. Per prevenire ciò, gli Yarnell hanno pubblicato nel loro libro un passaggio che mi ha molto divertito:

So che alcuni di voi sono molto entusiasti dei numeri che avete sentito. So bene che, come qualsiasi imprenditore responsabile, vogliate riflettere accuratamente sulla questione. Ma guardiamo le cose in faccia. Se poteste veramente guadagnare questo reddito mensile per potervi mettere a riposo in più o meno tre o quattro anni, o comunque raggiungere almeno una considerevole libertà personale e materiale, allora dovreste avere un danno al cervello se non vi entusiasmate per la mia proposta. A questo punto voglio subito mettervi in guardia dai due motivi principali per cui potreste fallire. Ve lo dico perchè possiate evitarli durante le vostre riflessioni. Il primo motivo di fallimento è quando i networker ascoltano persone che non sanno di che cosa parlano. Il secondo motivo deriva dal NON ascoltare coloro tra noi che sanno perfettamente di che cosa parlano ...

Mi venne da ridere leggendo, c'è del vero in queste parole e lascio a voi decidere se avete un "danno al cervello". Per me durante il colloquio è importante preparare il mio collaboratore al fatto che ci possono anche essere persone con pregiudizi.

> Non ascoltate persone che non ne sanno nulla, ascoltate solo persone che hanno esperienze in questo campo e che hanno successo.

Vaccinazione preventiva

L'opportunità per il vostro futuro che vi viene offerta dal marketing del passaparola è semplicemente troppo preziosa. Fate un favore a me e a voi stessi e ascoltate solo le persone che sono già lì dove voi volete arrivare. Chi non ha successo non dovrebbe essere per voi un consulente per il successo. Prendetevi del tempo per informarvi, acquisite la sicurezza che qui si tratta di un settore serio e di un'azienda seria. Non lasciatevi derubare per piccole cose di una grossa opportunità.

Per il prossimo punto voglio presentarvi quello che a mio avviso è lo strumento più importante di un networker senza il quale non può lavorare. È pertanto incredibilmente prezioso e ogni networker deve aver cura che non gli venga rubato. Cosa pensate che sia questo misterioso strumento? Giusto, è la nostra **energia** che purtroppo a volte ci lasciamo rubare con discussioni inutili e sterili. E allora siamo a terra per tre giorni e non osiamo più fare alcun colloquio.

La tecnica della lumaca

La tecnica dalla lumaca è adatta solo per l'inizio e ha solo un obiettivo: evitare il colpo del rifiuto. La lumaca si ritira quando incontra un ostacolo. Ciò aiuta soprattutto una persona alle prime armi a conservare la propria energia. Quando sarete attivi già da più tempo e sarete più sicuri, non ne avrete più bisogno. Anche con i nostri amici la situazione è diversa, perché con loro abbiamo costruito una base di fiducia e dovrebbe bastare se raccontiamo loro che abbiamo trovato una soluzione eccezionale. È tutta una questione di sensazioni.

Jim Rohn consiglia di dire agli amici quanto segue:

Voglio che mi ascolti in modo che tra un anno, quando le cose mi andranno meravigliosamente bene, non mi rimprovererai di non averti informato. Non voglio sentirti dire: "Perché non mi hai telefonato o scritto una lettera? È questa la chiami amicizia? Tu guadagni un sacco di soldi e non mi hai detto niente!" Non voglio che succeda questo.

Immaginatevi se faceste dipendere il vostro futuro dalla prima persona a cui raccontate la vostra storia. Uno è entusiasta perché l'amico a cui ha raccontato la sua storia vuole liberarsi del suo capo ed è disposto ad iniziare subito.

Al contempo un'altra persona abbandona la sua "carriera" appena avviata perché ha incontrato una persona che anni fa aveva il garage pieno di prodotti e che non vuole più sentir parlare di "quei sistemi piramidali". Una persona ha causato la fine. Ecco un'importante richiesta:

Non cercate mai di discutere quando ci sono obiezioni, semplicemente rispondete: *è interessante, grazie per il consiglio, approfondirò la questione.* E poi ritiratevi nel vostro guscio di chiocciola. Questo significa, andate dal vostro sponsor e lasciatevi spiegare da lui la questione. Se il vostro sponsor non è attivo, è emigrato o è morto, andate dal prossimo nella vostra upline. Cercatevi un mentore. E se non trovate nessuno, ma solo se veramente non lo trovate, rivolgetevi a me. Vi troverò una persona della vostra upline attiva perché non voglio che nessuno nel mio team rimanga senza aiuto. Per il resto vale anche qui la regola di base: le informazioni vanno sempre dall'**ALTO** verso il **BASSO** e le domande dal **BASSO** verso l'**ALTO**.

Nelle ultime pagine e nei capitoli precedenti vi ho presentato diverse possibilità e metodi su come entrare indirettamente in contatto con le persone, come interessarle e come evitare di ricevere un rifiuto. Come ho già detto, questo è molto importante con i nuovi collaboratori. Particolarmente importante è tuttavia non rimanere fermi a questo punto, perché proprio per la legge dell'attrazione si ottiene proprio ciò su cui ci si concentra!

> Focus on what you want, not what you don't want.

Se ora ci concentriamo soprattutto su ciò che vogliamo evitare e su quali errori non dobbiamo fare per non avere alcun rifiuto, riceveremo proprio questo "nessun rifiuto" ma anche "NESSUN assenso".

A ciò è naturalmente correlato un modo di procedere relativamente cauto e spesso anche lento che può sfociare nell'inerzia dovuta all'insicurezza. Il risultato alla fine sono scarsi successi e una crescita molto lenta. Questo non può essere il nostro obiettivo.

L'attenzione dovrebbe essere orientata il più rapidamente possibile su ciò che **vogliamo**, cioè avere il maggior numero di esperienze di successo e il più rapidamente possibile. La nostra attenzione non deve indirizzarsi su come evitare il rifiuto. Piuttosto si tratta di imparare come gestire al meglio il rifiuto.

> Dobbiamo liberarci dell'idea che tutti
> diranno sì alla nostra proposta.

E se ci arriverà un no, è importante non prenderlo in modo personale come rifiuto della nostra persona ma vederlo semplicemente come un rifiuto momentaneo della nostra offerta. Significa quindi *non ancor*a oppure *sono ancora necessarie delle informazioni*.

Il nostro "inizio cauto" in principio non è altro che una stampella per principianti. Che tuttavia non sempre è necessario usare. Quando non abbiamo più bisogno di una stampella, essa ci è solo di ostacolo e rallenta soprattutto la nostra velocità. Ciò vale anche per persone che sono molto indipendenti e che per questo, già dall'inizio, non hanno bisogno della stampella. Penso che questa immagine sia particolarmente adatta per la nostra attività.

Ascoltare con successo

Imparate ad essere dei buoni ascoltatori. A questo proposito troverete nella nostra lista dei libri anche un piccolo volume proprio con questo titolo. Più tempo sono nell'attività, più noto quanto sia importante allenarsi in questa qualità. Ammetto che non mi riesce facilmente, e in questo campo ho ancora da affrontare delle sfide ... In fondo però, basta solo aspettare una parola chiave da parte del nostro interlocutore per inserirci al momento giusto con il nostro racconto. Sinceramente, quanto spesso vi capita di ascoltare frasi simili?

- ► *Sono stufo di non avere mai soldi. Voglio finalmente andare di nuovo in vacanza.*

- ► *Non ci vediamo quasi mai perché lavoriamo così tanto. Quando io torno a casa, mio marito deve uscire ...*

- ► *Nostro figlio vuole assolutamente studiare all'università ma non sappiamo proprio come finanziarlo.*

- ► *Il mio posto di lavoro è a rischio. Vogliono chiudere la fabbrica.*

- ► *Non voglio essere tutta la vita la moglie di XY.*

- ► *I bambini sono più grandi e voglio di nuovo fare qualcosa e incontrare altre persone.*

- ► *A causa della maternità è impossibile riavere il mio vecchio lavoro.*

- ► *Settimana scorsa ho ricevuto il mio avviso di pensionamento, sono rimasto sconvolto.*

Queste e altre affermazioni sono perfettamente adatte per raccontare la nostra storia: *Sai, conosco bene tutto questo. Non ho bisogno di preoccuparmi più della pensione perché ho scoperto un'opportunità geniale per crearmi parallelamente un'entrata pensionistica sicura. La cosa migliore è che esiste un libro (scritto da una casalinga sveva, aggiungetelo se suona bene) in cui è descritto tutto. Chiunque può leggerlo e decidere autonomamente se vuole utilizzare questa opportunità.*

Ascoltando le persone e poi ponendo le relative domande troveremo nella maggioranza dei casi un momento in cui raccontare la nostra storia dando al nostro interlocutore una possibilità di chiedere. Lui mi **domanda** e io gli **offro** qualcosa, siamo a metà dell'opera! Ponete delle domande e poi ascoltate. Le persone raccontano volentieri dei loro sentimenti e sogni. Noi tutti siamo felici se qualcuno ci presta ascolto. Attraverso un buon ascolto possiamo aiutare le persone a prendere decisioni per il loro futuro.

Nel libro "Ascoltare con successo" di Shapiro trovate una citazione interessante:

Ascoltare assomiglia al cogliere un frutto dall'albero. (...) Se interrompete qualcuno nel suo discorso, se terminate la sua frase, se parlate troppo o rispondete troppo presto è come se deste un calcio ad un albero prima che esso abbia la possibilità di lasciar maturare i suoi frutti. Ammettiamo che una persona vi racconti di quel sogno di lavorare a casa. La maggior parte dei networker comincerebbero ora a raccontare tutto della loro fantastica attività e parlerebbero, parlerebbero e parlerebbero. Una reazione migliore, una reazione che porta frutti maturi, è ascoltare: "Hai sempre sognato di lavorare a casa? Puoi raccontarmi di più?" Oppure "In questo cosa ci trovi di così attraente?"

Porre domande e ascoltare permette al frutto di maturare sul suo ramo. E cadrà a terra da solo davanti ai vostri occhi.

Ciò potrebbe essere una ragione del mio successo. Sono molto discreta e paziente. Lascio maturare il frutto sul suo albero e non faccio mai "una proposta di matrimonio al primo appuntamento". Per questo oggi sono fortemente convinta che possiamo convincere chiunque a far parte della nostra attività se troviamo il suo **PERCHÉ** e gli offriamo una soluzione.

E se siamo pazienti. Quest'opportunità è semplicemente troppo buona per non coglierla. Perché ne sono così sicura? È semplice: perché ha degli enormi vantaggi e nessuno svantaggio! Perché sono sicura al cento per cento che TUTTI sarebbero interessati se sapessero ciò che so io. Considerando tutti i fattori oggettivi anche il più grande scettico non può a mio avviso prendere un'altra decisione.

Contatti

Qui bisogna suddividere la procedura in tre ambiti diversi. Primo: le persone con le quali siamo così in amicizia e che conosciamo così bene che non è più necessario approfondire ulteriormente la relazione. Sono coloro con qui possiamo iniziare subito per raggiungere già all'inizio quella velocità che garantisce il "momentum" necessario (è il momento che ci toglie il fiato quando si verifica). Un importante vantaggio con questo gruppo è che generalmente alcune persone già si conoscono perché sono amici comuni. Questo è molto vantaggioso. Poi vengono le persone che conosciamo e che ci vengono presentate dai nostri amici. Terzo, ci sono le persone che ancora non conosciamo.

In fondo il nostro compito è trovare cinque dei nostri migliori amici, aiutarli a realizzare i loro obiettivi contribuendo a costruire il loro team. In questa frase è evidente che, se veramente procediamo in questo modo, ci troviamo assolutamente in una "posizione di **offerta**" e mai in una "posizione di **richiesta**". C'è una differenza incredibile. La relazione con queste persone è già costruita, un enorme vantaggio!

Gli Yarnell scrivono nel loro libro "Power Multi-Level Marketing":

La prima fase del lavoro con amici, famiglia e conoscenti è un passo importante per acquisire l'esperienza necessaria e la base di lavoro sulla quale poi poter costruire ... e poi: tuttavia dobbiamo dirvi: se siete persone che temono di parlare con amici, parenti, vicini e conoscenti perché temete di rovinarvi i rapporti con loro e di fare una brutta impressione, allora non siete le persone giuste per quest'attività. Con alcuni consigli possiamo comunque forse aiutarvi a superare i vostri timori. Primo: non mentite a nessuno, dite che avete trovato un'opportunità eccezionale di guadagno. Oppure date a intendere che volete sentire la loro opinione a proposito di un'attività imprenditoriale. Dovreste anche pensare che fate un favore al vostro interlocutore. Pensate che da questo settore negli ultimi anni sono emersi un mucchio di milionari.

Oppure come sostiene Don Failla: *Se foste veramente convinti di poter andare in pensione nel giro di uno spazio di tempo da uno a tre anni, perché dovreste offrire questa possibilità ad uno sconosciuto piuttosto che presentarla prima ai vostri amici e conoscenti?*

E ora vi svelo il segreto più grande. Se aiutate **veramente** i vostri cinque collaboratori della vostra cerchia di conoscenti a costruire il **loro** team, non sarete mai costretti a concentrarvi su come si creano contatti "freddi". Io ho sempre avuto abbastanza da fare ad aiutare i miei collaboratori a sponsorizzare e formare i loro collaboratori. Questa è la formazione perfetta e garantisce collaboratori indipendenti senza i quali il marketing del passaparola sicuramente non porterebbe all'indipendenza.

Come descrive Don Failla: *Non dovrete mai più rivolgere la parola ad estranei. Incontra un amico e parla con i suoi amici.* Purtroppo questo punto viene attuato o utilizzato troppo poco nella pratica. Forse non viene compreso correttamente e quindi vorrei lanciare un appello, soprattutto ai collaboratori esperti:

Ognuno dei vostri collaboratori del team è arrivato là dove vorrebbe arrivare? Se la risposta è no, avete ancora potenziale di crescita con le persone del gruppo senza dover stringere contatti nuovi. Naturalmente sono necessari collaboratori che vogliono impegnarsi seriamente.

Collaboratori che si impegnano a trasmettere ad altri il supporto che io do loro: *Io prometto di procurarti un'entrata regolare e tu in cambio prometti di procurare alla tua downline un'entrata regolare.* Così funziona il lavoro di squadra: è un flusso costante dall'alto verso il basso. Smettete di voler ricevere qualcosa. Iniziate a dare voi stessi. Sinceramente, non ho mai ricevuto un **NO** dopo aver chiesto ad uno dei miei collaboratori: *Ho bisogno di una nuova stella. Chi posso aiutare a raggiungere il successo?* (Il nostro livello più alto è il "diamante". E per ognuno dei miei collaboratori che aiuto a raggiungere il livello diamante ottengo una stella. Al momento della pubblicazione di questo libro ne ho otto.) Anche qui si nota che possiamo avere successo solo se aiutiamo una squadra o una persona a raggiungere il successo. Non mi serve a nulla produrre semplicemente fatturati.

Un punto assolutamente essenziale è la lista dei contatti. Credetemi, dopo un paio di settimane non saprete più con chi avete parlato, a chi avete prestato quale strumento (libro/cd) e chi avete invitato ad un evento. Per questo è di grande vantaggio annotarsi tutto. Io ho ordinato la mia lista secondo il codice di avviamento postale.

Ecco un esempio concreto: un paio di settimane fa mi trovavo in aereo a fianco di un signore di Salisburgo che viveva in Spagna tra Denia e Javea. Ebbi con lui una piacevole conversazione e quando mi raccontò dove viveva, gli dissi: *Può darsi che nel prossimo anno la mia attività si espanda in quella regione. Forse potrei avere bisogno di aiuto.* Mi diede volentieri il suo numero di telefono e approntai per lui un foglio dei contatti su cui si legge:

CONOSCIUTO: Volo per Salisburgo dove ha un negozio di mobili. Vive tra Denia e Javea, l'anno scorso ha avuto un grave incidente (caduto dalla scala mentre legava un albero), gli ho parlato del libro.

Cosa ne faccio? Per il momento nulla. Sapete che una rete si costruisce più semplicemente e più velocemente nel proprio ambiente. Ma se il mio cammino mi porterà in quella direzione allora telefonerò a quell'uomo e gli ricorderò chi sono. E poi gli chiederò se conosce qualcuno ...

Questa lista di contatti cresce sempre di più e dopo un po' di tempo diventa un autentico tesoro. Le liste saranno molto importanti anche per voi per aiutare i vostri collaboratori a superare eventuali difficoltà iniziali.

> Il marketing del passaparola funziona là dove si svolge la vita, tra le persone. Vi consiglio di trovarvi là dove i vostri amici incontrano i loro amici.

E dove avviene ciò? Per esempio al club degli amici del jogging. Se non ne avete uno, fondatelo. Lissy e io abbiamo condotto i nostri primi colloqui durante il jogging mattutino invitando anche i nostri potenziali partner. Questi colloqui a tre hanno influenzato diverse decisioni.

Potete anche invitare il vostro sponsor al vostro compleanno e presentarlo. *Questa è Susanne, mi sto costruendo una seconda attività e lei mi sostiene.* Naturalmente il compleanno non è indicato per i dettagli. Basta solo che lo sponsor prenda contatto con i vostri conoscenti e costruisca una relazione. Io racconto volentieri la storia del metro. Questa storia viene sempre accolta positivamente e poi racconto poi come oggi ho realizzato i miei obiettivi. Se sorgono domande rispondo: *Oggi festeggiamo il compleanno, ma venerdì sono qui per un training, se vuoi ti unisci a noi e puoi dare un'occhiata.* Oppure: *Ti do un libro da portare a casa in cui puoi leggere tutto.*

A mio avviso tutto questo viene messo in pratica troppo poco. Molti cercano occasioni ufficiali invece di utilizzare l'atmosfera rilassata di un incontro neutrale.

Se il vostro compleanno è lontano, invitate gli amici ad una grigliata o a una cena. Come detto, in queste occasioni non si tratta di parlare dell'attività, ma di costruire relazioni. Lo dico consapevolmente perché ci sono anche i cosiddetti "meeting velati", dove un ingegnoso networker invita i suoi amici a mangiare e poi tocca loro subire la presentazione di un'attività. Non ho una grande opinione di questi metodi e penso che abbiano già danneggiato abbastanza il nome del network-marketing.

Non ne abbiamo bisogno!

Parlate con i vostri amici. Lodateli: *Ho pensato a te perché sai da sempre trattare con le persone.* Oppure: *... perché hai sensibilità!* Oppure ... *perché mi hai sempre dato l'impressione che capisci qualcosa di una buona attività.*

La lode funziona sempre e penso con CHIUNQUE. Naturalmente deve essere sincera. Potrei raccontarvi alcune storie ... Gli elogi che ho ricevuto sono tutti in un raccoglitore e mi ricordo i nomi di chi me li ha fatti.

Se siete proprio agli inizi, incominciate a cercare aspetti positivi nelle persone del vostro ambiente. Ne troverete e allora diteli ad alta voce. In sei mesi il vostro livello di popolarità nel vostro ambito si sarà raddoppiato. In questo contesto voglio consigliarvi caldamente il libro di Dale Carnegie "Come trattare gli altri e farseli amici".

Di recente ho letto il libro di Uwe Scheler "Fattore di successo networking – Stringere, coltivare e sfruttare con intelligenza relazionale i contatti giusti". Si tratta di un libro sulle reti di contatti nella vita privata. I suoi consigli sono molto utili e validi in generale. Si legge per esempio: *Le reti istituzionali e personali sono un sistema di reciproco dare e ricevere ...* E poi: *Le circostanze fortunate sono una cosa, riconoscerle e sfruttarle un'altra. Le persone di successo si distinguono da quelle di minor successo per il fatto che riconoscono le occasioni favorevoli e sanno usarle a loro vantaggio.* E alla rubrica "Cosa dovreste evitare" lessi: *Non provate mai a vendere qualcosa ad un cocktail di compleanno o a offrire i vostri servizi. Potete tranquillamente parlare della vostra offerta ma non condurre colloqui di vendita.*

Come vedete ci sono centinaia di possibilità. Siate creativi!

E ora parliamo del terzo settore, torniamo ai contatti per le persone che hanno già chiesto a tutti i loro conoscenti di entrare nell'attività e **TUTTI** hanno risposto **NO** (mi viene da sorridere, non posso credere veramente che succeda qualcosa di simile), per le persone che hanno traslocato da poco e che non conoscono **NESSUNO**.

Generalmente raccomando di frequentare luoghi dove ci sono persone attive e aperte. Indicati sono seminari su ogni argomento possibile. Prendiamo per esempio un corso di inglese o di retorica all'università popolare. Sono entrambi argomenti che ci saranno sicuramente utili. E lì inoltre incontriamo della gente. Persone aperte e desiderose di conoscere (altrimenti non sarebbero lì) sono un enorme vantaggio.

Uno dei miei obiettivi era avere denaro e tempo a sufficienza per il mio sviluppo personale. Ci sono molti seminari a cui ancora vorrei partecipare. Di solito succede che ognuno presenta e racconta la sua storia. Io non ho mai raccontato la mia senza che poi alcuni partecipanti mi ponessero delle domande. Non ho mai frequentato un seminario senza che si aggiungesse un nuovo collaboratore.

L'invito di terzi

La nostra azienda nel 2007 ha aperto anche in Turchia. Che opportunità! Un'occasione di questo tipo può essere utilizzata da chiunque come lancio. Potrebbe essere un motivo per prendere in mano la lista dei contatti (anche la "scatola di Lothar") e chiedere semplicemente: *Sai, volevo informarti che abbiamo aperto in Turchia. Conosci qualche turco che parla tedesco che vorrebbe un cambiamento professionale o cerca una seconda attività?* In Germania vivono più di 1,87 milioni di cittadini turchi *(Fonte: Istituti nazionali di statistica, OCSE).*

L'invito ad un seminario come lancio

Vi assicuro che nel calendario degli eventi si trova sempre un seminario al quale potete invitare i vostri ospiti.

Senti, Giovanni, mi sono reso autonomo e la nostra azienda organizza un seminario con XY. Si tratta di strategie per il successo personale. La persona è un coach di punta e i suoi seminari costano normalmente quasi 500 euro. Grazie al nostro grande numero di partecipanti abbiamo la possibilità di avere i biglietti per 15 euro. Ho pensato subito a te perché sei sempre interessato alle novità. Vuoi che ti procuri un biglietto? Cosa può accadere? Giovanni chiederà: *Cosa fai lì di preciso?* E di nuovo abbiamo una ragione per raccontare la nostra storia: *Conosci la mia situazione. Con il mio lavoro guadagno sì tanti soldi, ma la mia famiglia soffre per il fatto che non sono quasi mai a casa. Non voglio trascorrere così tutta la mia vita. Nel mese scorso ho conosciuto una possibilità di mantenere il mio standard di vita abituale e godere al contempo di più tempo libero.*

Questi eventi sono anche un'occasione eccezionale per parlare con coloro con cui abbiamo già preso contatto. Magari hanno detto di no all'attività, ma possiamo comunque invitarli ad un seminario che normalmente costerebbe centinaia di euro e a cui, grazie a noi, possono partecipare per un prezzo davvero conveniente.

Ricordatevi: durante questo nuovo approccio dovremmo fondamentalmente parlare di tutto **tranne** che della nostra attività e dei prodotti.

Il "discorso" all'incontrario o il metodo "non ne hai bisogno"

Le persone tendono a reagire diversamente da come ci aspettiamo. In fondo lo sappiamo bene: tante cose che nella vita dei rapporti personali sono normali, le dimentichiamo quando iniziamo nel campo del marketing del passaparola. Racconto spesso questo esempio. Se dico alla mia amica: *Ho trovato un fantastico prodotto anti-età, sarebbe ideale per le tue rughe*, probabilmente mi ribatterà indignata: *Cosa ti viene in mente, io non ho nessuna ruga!* Se invece dico: *Ho scoperto un nuovo prodotto anti-età contro le rughe, ma tu non ne hai bisogno perché non ne hai ...* allora si toccherà il viso e dirà: *Ti sbagli, guarda qui che rughe ho!* Capite cosa voglio dire? Provate a dire a un conoscente: *Ho iniziato a costruire una seconda attività, ma tu non ne hai bisogno perché con il tuo lavoro guadagni già abbastanza ...* Oppure: *Hai già abbastanza soldi.* Funziona (quasi) sempre.

Approccio differito

Paula Pritchard descrive nel suo libro "È la tua vita" come risveglia l'interesse nelle persone. Si annota i punti che l'hanno colpita durante il colloquio e successivamente telefona: *Domenica hai detto che avresti volentieri una casa tua. Lo dicevi per scherzo o intendevi sul serio?* Naturalmente nessuno risponde che scherzava e così può presentare l'opportunità. Questo approccio "differito" è descritto in diversi libri e lo trovo ottimo soprattutto con amici o conoscenti che sicuramente incontrerò di nuovo. Ricorderete: con le persone del mio ambito ho la possibilità di piantare il seme e poi di annaffiare.

Ciò significa che al primo incontro non devo necessariamente parlare dell'attività. Non devo dare l'impressione che sono interessata ad un'amicizia solo perché voglio sponsorizzare l'altro. Se qualcuno mi è simpatico lo voglio conoscere in ogni caso. E poi naturalmente sponsorizzarlo perché voglio trascorrere del tempo con lui e aiutarlo. Non ho alcun problema con questo, semplicemente perché sono convinta che posso offrire la migliore opportunità del mondo. Come già detto, a mio avviso si può sponsorizzare chiunque se quella persona ci sta a cuore e se vogliamo costruire un rapporto.

La pazienza è un fattore importante nel nostro settore. Racconto sempre volentieri una storia dell'albero di bambù che ascoltai anni fa. Si pianta il bambù, lo si annaffia per un anno e non si vede niente. Si annaffia anche il secondo anno senza risultati visibili. Il terzo anno si annaffia probabilmente già per abitudine e solo nel quarto anno l'albero cresce improvvisamente di oltre 20 metri. La domanda è: quanto tempo ha impiegato l'albero a crescere? Un anno o quattro anni? Qualcosa di simile avviene nel marketing del passaparola. Naturalmente non dovete adesso pensare che si può piantare un seme e aspettare che la pianta spunti da sola. Oppure sedervici sopra passivamente e covarlo (purtroppo una forma di networking diffusa). Il segreto nel marketing del passaparola è semplicemente continuare a seminare, possibilmente senza pensare al raccolto. E non soffermarsi in alcun modo con coloro **che non vogliono ancora**. Per questo abbiamo bisogno da 15 a 20 collaboratori attivi per trovarne cinque seri. E forse dovrei anche sottolineare che non ci servono tutti e cinque contemporaneamente. Penso che ciò sia possibile per chiunque con l'appoggio di uno sponsor.

Il nostro sito web

Per lungo tempo ero dell'opinione che non avevamo bisogno di un sito. Oggi vedo la situazione diversamente, per lo meno per ciò che riguarda il senso e l'obiettivo che il sito deve avere. Comunque sono tuttora convinta che **non** è possibile costruire una rete di successo solo con internet e senza contatti personali.

In "Wave 4, network-marketing nel 21° secolo" di Richard Poe, trovai anni fa un capitolo che mi rimase impresso.

> *La mania della terza onda minaccia di rendere il marketing multilivello un'attività senza contatti. Questo fatto potrebbe danneggiare i networker in molti settori. L'uso di metodi pubblicitari automatizzati come e-mail, siti web e fax fa sì che si abbiano delle downline di 10.000 persone che ordinano il prodotto una sola volta e di cui non si sente più nulla. Così non si costruisce però un reddito passivo. Il network-marketing funziona al meglio se lo si rende semplice, lavorando quotidianamente con le persone faccia a faccia e da cuore a cuore. L'unico collante che tiene insieme a lungo una rete network è costituito da amicizia, lealtà e contatti personali.*

Posso solo confermarlo! Se trasmettiamo informazioni solo via mail e non avviene più alcun contatto personale o telefonico, il nostro team morirà emotivamente di fame. Questo lo sapremo tuttavia solo dopo, oppure non lo sapremo affatto. Le occasioni perse non si possono misurare.

I siti web possono avere un'eccellente utilità per mostrare agli amici, alla famiglia o a tutti i contatti un quadro complessivo. Abbiamo un sito che ha un "tocco" privato e che ognuno può personalizzare. Ogni proprietario del sito presenta sé stesso e la sua storia personale, e in frasi concise descriviamo ciò che facciamo. Vengono presentati anche i libri, gli strumenti e le iniziative neutrali con i quali lavoriamo. La cosa più importante sono le storie di successo e le referenze di avvocati, medici e di altri "opinion leaders" particolarmente indicati per comunicare ai nuovi collaboratori il valore e la serietà della nostra attività.

La corrente delle informazioni

Comunicazione e promozione sono gli elementi centrali della nostra attività. Durante i miei training faccio spesso indovinare ai partecipanti quali siano le qualità più importanti nel marketing del passaparola. Dalla mia esperienza oggi so per certo che anche una persona con **ZERO** qualità può comunque avere successo se riesce a muovere le persone "da A a B". Questa qualità di promozione è superiore a tutte le altre.

Recentemente è stato trasmesso in televisione il film "Il principio della felicità" che mostra in modo fantastico il network nella duplicazione a tre. Il film narra di un bambino che vuole migliorare il mondo. Fa del bene a tre persone alla condizione che questa buona azione venga "trasmessa" ad altre tre persone. E questa naturalmente di nuovo a tre. Avevo letto il libro "Il miracolo dell'innocenza" da cui è tratto il film e quando vidi che sarebbe stato trasmesso in televisione lo pubblicizzai. (Il libro era comunque di gran lunga migliore del film.) Nonostante ciò il film fu un fantastico evento, cioè un motivo per promuovere. Da questo esempio voglio mostrarvi i quattro livelli di comprensione del flusso di informazioni. Se telefono a Anna e mi risponde: *Sì, guarderò il film*, allora ha compreso il primo livello. Se Anna dice: *Sì, guarderò il film e dico ai miei collaboratori di guardarlo*, ha già compreso anche il secondo livello. Il terzo livello sarebbe: *Sì, guardo il film, informo i miei collaboratori e dico loro che promuovano il film con i loro collaboratori.*

Quando questo livello è raggiunto, la circolazione funziona perfettamente fino all'ultimo dito del piede. E il livello massimo è raggiunto quando pensiamo anche a informare i conoscenti che già da tempo sono sulla nostra lista di nomi ma che non abbiamo ancora sponsorizzato, e quando insegniamo alle nostre "Anna" di dire alle loro "Anna" di pensare alle persone sulla loro lista di nomi.

Quando conobbi questo sistema nel 1999 divenni consapevole quale dinamica e potere si hanno quando "la circolazione funziona fino al dito mignolo del piede". Ciò significa che le informazioni arrivano anche alla persona più lontana da noi (misurando in livelli). Immaginatevi di far parte del sistema da un anno e di avere 780 persone nella vostra downline. Adesso arriva una novità (forse questo libro?) oppure c'è un seminario da promuovere. Se non ci sono "problemi di circolazione" tutto funzionerebbe così: invio una e-mail con l'appuntamento. Poi vado subito al telefono e chiamo le mie cinque "Anna": *Ciao, ti ho appena inviato una e-mail. Jörg Löhr viene a Stoccarda. Sarà sensazionale, dobbiamo andarci assolutamente. Chiama tutte le tue firstlines e promuovi l'appuntamento. Poi di loro di promuoverlo a loro volta con le loro firstline.* Per me sono cinque telefonate. Se le mie "Anna" informano le loro "Berta" saranno già informate 25 persone e se queste chiamano le loro "Cristina" lo sapranno 125 persone. Pensate a cosa succederebbe se una rete di contatti funzionasse bene. Quanto tempo impiego per cinque telefonate? Un'ora? Diciamo due ore. Ciò significa che, se alle 9 di mattina ho informato le mie cinque "Anna", alle 11:00 potrebbero già saperlo 25 persone, alle 13:00 125, alle 15.00 625. In questo modo sarebbe informata una completa downline di 780 persone. Capite cosa intendo? Considerate che io ho parlato solo con le mie "Anna".

Purtroppo la realtà è completamente diversa. Credo che la maggioranza non comprenda questa dinamica e per questo la tratta (ancora) in modo irresponsabile. Cosa accade se solo quattro delle mie cinque "Anna" trasmettono l'informazione e questa si duplica allo stesso modo? Quale numero risulterà invece delle 780 persone? Normalmente l'80 per cento della somma, almeno così stimano i più, perché il 20 per cento non ha trasmesso l'informazione. Logico no? Ma questa è una prova in più che la dinamica del marketing del passaparola non è così semplice da comprendere. Invece di 780 persone solo 425 verrebbero informate. Ciò significa che quasi la metà della vostra downline **non** verrebbe informata.

La duplicazione funziona anche in senso negativo!

Su questo aspetto non esiste tolleranza. Se portate un nuovo collaboratore nel sistema dovete provvedere che sia collegato alla corrente di informazioni (www.mitgliederbereich.com). Poi telefonategli comunque e promuovete ciò che è importante. Secondo la mia esperienza, una e-mail viene letta nel dieci per cento dei casi (sono piuttosto perfida e conduco a volte inosservatamente dei piccoli test). Una telefonata viene registrata al cento per cento. Volete aumentare la vostra quota di dieci volte? **Prendete in mano il telefono** ...

Molto spesso sento dire dai miei partner: ho informato i miei collaboratori con una e-mail che ho spedito il giorno tale ... A questo proposito ho un consiglio da darvi:

Non ritenerti responsabile di aver INVIATO l'informazione ma del fatto che abbia RAGGIUNTO ogni membro del team.

Se riconoscete che questa è la chiave per il successo vi faccio le mie congratulazioni.

Domande tipiche

Durante un colloquio con persone interessate emergono sempre domande o obiezioni. Sono sempre le stesse, quindi è piuttosto facile gestirle. Importante è scoprire subito all'inizio se la persona non vuole semplicemente dire NO e quindi pone ogni obiezione e domanda possibile, oppure se ha un reale interesse e ha ancora delle questioni aperte. È di grande aiuto percepire la differenza perché non ha alcun senso e costa molta energia occuparsi intensamente del "primo gruppo" di persone. Il secondo gruppo mi è invece molto gradito. So per esperienza che proprio le persone scettiche che si vogliono veramente informare, alla fine sono tra i migliori collaboratori. Per questo formo il mio team in modo tale che sia sicuro delle proprie sensazioni e che agisca in modo convincente.

Anche da noi emergono naturalmente sempre le obiezioni più o meno tipiche. Ecco perché ho messo insieme una selezione di obiezioni:

"Non ho interesse."

Gli Yarnell hanno una buona risposta a quest'affermazione: *Posso capirlo. Questa attività non è per tutti. Ma per capire meglio, a che cosa non sei interessato? Ad avere più soldi o più tempo libero?*

(Naturalmente è uno scherzo. Il mio interlocutore viene sistemato nella "scatola dei non ancora".) Ma prima gli mostro un paio di articoli di giornali indipendenti e positivi riguardo ai nostri prodotti.

"Il mio compagno è contrario."

In base alla mia esperienza, ciò accade di frequente, soprattutto se un collaboratore viene informato da solo. Per questo propongo fondamentalmente di condurre il colloquio con la persona interessata e il suo compagno. E se non funziona, raccontate la storia di Lissy e Werner! (Potete trovare un articolo su loro due tratto dal "Network Press" sul mio sito cliccando "Il mio team" e poi "Pubblicazioni".)

"Lo conosco già."

Sapete cosa rispondo e lo dico sul serio: *Non credo che lo conosci. Se lo conoscessi, lo faresti.* Tutti hanno già sentito parlare di Esso e Shell ma conosciamo tutti i dettagli? Chiedete semplicemente cosa l'interlocutore conosce già. Sinceramente considero un grande vantaggio se siamo i secondi a parlare ad una persona della nostra attività. Non vi è mai capitato nella vita che un tema vi si proponesse per due volte in un breve lasso di tempo e di aver pensato: *Adesso sento questo già per la seconda volta nel giro di breve tempo, ora mi devo informare!*

"Mi alimento in modo sano, non ho bisogno di vitamine."

In passato discutevo su questo punto. Oggi mi attengo al consiglio di Lissy e rispondo: *Trovo fantastico che tu riesca a mangiare da cinque a sette porzioni di frutta fresca al giorno. Complimenti! Io personalmente, come imprenditrice, non ci riesco più. E soprattutto il negozio di prodotti biologici non è precisamente economico ...* Questo è fantastico. Le reazioni sono molto diverse perché statisticamente si consumano solo 1,2 porzioni di frutta fresca.

Che durante la cottura le vitamine spariscano non è più un segreto da molto tempo. E chi ha tempo di andare ogni giorno al mercato? Ma c'è anche una ragione completamente diversa. Questo tema mi affascina e mi sta molto a cuore, per questo voglio darvi ancora un paio di impulsi. Recentemente mi è capitata tra le mani una nuova brochure sul tema OPC. Breve, concisa e favorevole, semplicemente geniale. Al suo interno viene affrontato un tema che per me è molto importante:

La maggioranza degli scienziati è convinta oggi che una persona può arrivare a vivere 120 anni. Se adesso avete 60 anni potete tranquillamente vivere ancora mezzo secolo.

La brochure continua:

I dati dell'OMS (Organizzazione Mondiale della Sanità) sono vecchissimi e già il modo in cui allora vennero stabiliti i valori del fabbisogno giornaliero delle sostanze sembra un brutto scherzo. A volontari, disposti a fare da cavie, venne sottratta una vitamina finché non manifestavano i primi sintomi di carenza da quella vitamina. Allora la si somministrò di nuovo finché i sintomi non scomparirono. La dose necessaria per questo corrisponde al fabbisogno giornaliero secondo l'OMS. Posso assicurarvi che con l'assunzione di 100 milligrammi giornalieri di vitamina C non perderete forse i denti ma un innocuo virus da raffreddore riderà probabilmente dei vostri sforzi.

I 120 anni di vita possibili non sono un'opinione isolata. Occupandomi da molti anni intensamente di questo argomento sono sicura che è fattibile ed è ciò a cui miro. Se racconto tutto questo, spesso sento rispondere: *Io non voglio diventare così vecchio*. Mi viene da ridere. Finora non ho conosciuto ancora nessuno che, come Strachowitz afferma, *faccia uso del suo diritto alla morte precoce prevista dal contratto sociale.* La mia risposta di conseguenza è: *Dipende naturalmente dalla sua pensione. Con le mie entrate conviene arrivare a 120 anni.*

Naturalmente occorre molto di più della sola alimentazione sana per arrivare a questa età. Esiste un numero sufficiente di libri che informano sull'argomento e che potete leggere se la questione vi interessa. Oltre a integratori alimentari di qualità (non troppo pochi) sono necessari anche il movimento, acqua a sufficienza e una filosofia di vita positiva. La cosa più importante oggigiorno è depurare il nostro corpo. Le vitamine possono farsi carico di questa funzione aggiuntiva. A questo proposito voglio raccontarvi una storia tratta da un libro del dottor Strunz, il noto "guru" del fitness.

Conoscete la storia della gallina e del nickel?

Alcuni ricercatori divisero dei polli in due gruppi. Il primo gruppo veniva nutrito con alimenti speciali, l'altro con prodotti economici privi di sostanze nutritive (fast food per polli). I ricercatori mischiarono del nickel nel cibo dei due gruppi. Sapete che la bigiotteria contenente nickel causa allergie alle orecchie e alla pancia e che questa sostanza in generale è piuttosto velenosa. Un paio di settimane dopo, i polli vennero abbattuti e analizzati in laboratorio. Cosa scoprirono i ricercatori? Nella carne dei polli alimentati con il cibo speciale non si trovò alcun nickel. Solo alcune minime tracce vennero individuate nel fegato e nei reni, organi di depurazione. Il gruppo nutrito con il "fast food dei polli" aveva nickel nella carne. Il fegato e i reni erano altamente avvelenati dal nickel.

Cari lettori, al momento state partecipando a questo esperimento!

Di quale gruppo di polli fate parte?

"Troppo caro."

Questo è un argomento che emerge generalmente con le persone che pensano ancora alla "vendita di prodotti" e che non hanno ancora riconosciuto la differenza rispetto al network. Chi può giudicare oggi al primo colpo d'occhio il valore di un prodotto? Come lo confrontate? Uno dei nostri prodotti principali è l'OPC – le proantocianidine oligomeriche (dimenticate subito questa parola). Questa sostanza venne scoperta dal professor Masquelier ed esiste un libro di Anne Simons dal titolo "Vivere più a lungo e sani con l'OPC". Potete comprarlo in ogni libreria. Nel frattempo è stato pubblicato anche un manuale su questo tema con un questionario e 33 domande: "Avete bisogno dell'OPC?"

A livello mondiale esistono oltre un milione di siti internet sull'OPC che viene anche definita la vitamina anti-invecchiamento del secolo. Una influente rivista di bellezza tedesca scrisse che l'OPC oggi è sulla via migliore per consolidarsi sul mercato come sostanza anti-invecchiamento. Sulla base di questo esempio voglio mostrarvi come sia difficile paragonare i prezzi. Se trovate un prodotto con la definizione "estratto di semi d'uva" oppure "picnogenolo" avete a che fare con un semplice prodotto di semi d'uva. La proantocianidina è molto di più che solo OPC. È una miscela di estratti di semi d'uva, di corteccia di pino e di altre sostanze che hanno un alto effetto sinergico (1+1=5).

L'OPC rafforza di molto l'effetto degli antiossidanti (ad esempio la vitamina E e la vitamina C). Molte persone hanno carenza soprattutto di vitamina C. A questo proposito, l'azienda con la quale collaboriamo ha arricchito il Proanthenols di ulteriori 20 mg di vitamina C, quercetina, rutina ed esperidina. Questo OPC ampliato è biodisponibile al 100 per cento. L'alto livello di cellulosa presente anche in altri prodotti qui è stato sostituito dalla base sinergica di Phytozyme. Il Proanthenols è quindi uno sviluppo fenomenale dell'OPC originale.

Questo tema è molto interessante. Molte aziende lo affrontano con una certa leggerezza. La percentuale di OPC puro e soprattutto la biodisponibilità sono di estrema importanza. I test hanno dimostrato che ci sono differenze dell'ordine di grandezza tra il 5 e il 100 per cento. Come può un profano valutare per cosa spende i suoi soldi?

OPC vero e di alta qualità e di valore ha il suo prezzo sul mercato mondiale. Anche un anello d'oro non sarà mai più economico dell'oro grezzo. Il prezzo è quindi anche un indicatore della qualità. E quando confrontate i prezzi dovete naturalmente guardare la quantità di OPC in ogni compressa. C'è una bella differenza se vi sono 50 o 100 milligrammi in una capsula. Ma questi non sono gli unici argomenti. Ricordate la pompa di benzina? Il fatturato della nostra pompa di benzina speciale è ridotto se oltre a "Ruedi Rüssel" e a "Shell" anche "Aral" apre un distributore nella stessa strada? Sicuramente no! Noi non abbiamo concorrenza, la nostra caratteristica esclusiva è che attraverso l'(auto)consumo di un prodotto di cui comunque abbiamo bisogno (spero che nel frattempo vi siate almeno convinti di questo) possiamo raggiungere i nostri obiettivi. È molto importante che utilizziate quest'ultimo argomento **solo** in relazione con gli altri.

E infine: Di quanto tempo avrà bisogno il vostro collaboratore perché i suoi prodotti siano rifinanziabili? Spero che lo aiuterete ad essere molto veloce.

"Non mi piace ciò che si deve fare nel marketing del passaparola."

A questo proposito lessi una volta un articolo illuminante dal titolo: "Non deve piacere ...". Quando un networker di successo sentì questa obiezione, rispose a uno dei suoi interlocutori: *Vuole dirmi con tutta onestà che negli ultimi 30 anni le piaceva essere svegliato di soprassalto dal ronzio di una sveglia nelle sue orecchie? Le piaceva dover schizzare la mattina fuori di casa per poi dover rimanere bloccato in coda e respirare i gas di scarico delle altre auto? Le piaceva lavorare con una banda di gente negativa che tesseva intrighi nell'azienda? Le piaceva che le venisse prescritto quando fare la pausa pranzo, quando andare in ferie, quando poter essere malato e quanto denaro vale?* Concluse che anche a lui non piacevano un mucchio di cose che nel network-marketing bisogna fare, ma che gli sarebbe piaciuto ancora meno fare l'impiegato per 30 o 40 anni. *E se proprio devo fare cose che non mi vanno, preferisco farlo per quattro piuttosto che per 40 anni.* Concluse con una frase che mi ha molto commosso: *Ma non si stupisca se le cose che deve fare non solo le piaceranno, ma le amerà anche.*

Ho già raccontato questa storia molte volte. E di questo si tratta: voglio lavorare quattro anni e raggiungere il mio obiettivo o lavorare 40 anni? Preferite il modello 4 o 40 anni?

"Saturazione di mercato."

È pressoché impossibile raggiungere una saturazione del mercato perché lavoriamo con prodotti di consumo. Se volete, molte grandi aziende hanno raggiunto una "saturazione del mercato", non assumono più nessuno e vendono ormai solo i loro prodotti. Il mio team ha attualmente raggiunto una dimensione di 40.000 consumatori a livello europeo. E considero solo coloro che ordinano attivamente. Come vedete c'è ancora sufficiente potenziale disponibile.

"Dov'è il difetto?"

Una domanda che spunta ogni volta è quella sul "difetto". La mia risposta standard è: *l'hai appena trovato*. Ed è vero! Ho scoperto che molte persone diventano sospettose **proprio** per questa ragione e cioè **perché** tutto è così semplice. A questo proposito voglio raccontarvi una storia:

Immaginatevi di trovarvi in una stanza, l'oratore ha un biglietto da 100 euro in mano e dice: *Vendo questa banconota per 10 euro. Chi la vuole comprare?* Cosa fareste? Saltare su e gridare "Io"? Oppure aspettare e vedere cosa fanno gli altri? Purtroppo ci è stato insegnato nella vita che solo gli "stupidi" cascano davanti a una proposta simile ... e per questo vi aspettate il difetto. Chi crede che qualcuno possa fare un'offerta così fantastica? E se qualcosa appare così buona **deve** esserci il difetto.

A volte desidererei che vi fosse un difetto, almeno uno "piccolissimo" ... Magari sarebbe più semplice quando lo si trova subito e lo si accetta. Invece cosa abbiamo? Abbiamo una possibilità di raggiungere **TUTTO** ciò che vogliamo. Senza limiti: progetti, sogni, salute e tempo libero. Il tutto senza rischi. E l'impegno? Più o meno tempo a seconda degli obiettivi. Un paio di euro per benzina e libri che tra l'altro sono anche deducibili dalle tasse ...

Il difetto lo trovate quando la mattina
vi guardate allo specchio.

Guadagno stabile dalla profondità

Negli ultimi capitoli avete potuto abituarvi ai grandi numeri. Per questo voglio ora farvi dare un'occhiata in **profondità**. Un'azienda il cui piano marketing è orientato esclusivamente al marketing del passaparola può distribuire più in profondità di ditte che hanno una componente di vendita diretta. Vi spiego questo punto: supponiamo che in media venga versato nella distribuzione complessivamente un 60 per cento. Ecco due esempi:

La prima azienda concede un 30 per cento di sconto nella vendita diretta o nella vendita e distribuisce in profondità un 30 per cento per la creazione dell'organizzazione. Diciamo che distribuisce il cinque per cento su sei livelli. Questo in realtà va già molto a fondo. La seconda ditta, un'azienda di puro marketing del passaparola, non ha alcuna vendita diretta e può quindi distribuire in profondità l'intero 60 per cento. Diciamo, per esempio, che distribuisce il 5 per cento su 12 livelli. Come vedete, la somma che l'azienda distribuisce è uguale in entrambi i casi, il 60 per cento. Per l'azienda non ci sono differenze, **ma per noi sì.**

Il mio guadagno si genera attualmente per il 95 per cento dal quinto livello e più in profondità. Immaginate se il nostro piano marketing, a causa dell'alta percentuale di vendita diretta, potesse pagare come molti altri solo fino a quattro o cinque livelli. Un piano di remunerazione che paga in profondità può diventare per voi un'autentica miniera d'oro che vi assicura un guadagno passivo stabile e che cresce continuamente grazie al **fattore tempo**. Già dal piano di remunerazione si riconosce che nel marketing del passaparola potete incontrare amici che vi aiutano a parlare con altri amici di quest'opportunità geniale. Karl Pilsl afferma:

> "Dobbiamo far sì che le persone riconoscano che non vogliamo qualcosa DA loro ma che vogliamo muovere qualcosa CON loro"!

Perché possiate riconoscere la grandezza della differenza al quinto, sesto o ad un livello ancora più profondo, supponiamo che ognuno sponsorizzi cinque persone e ciò oltre il quarto livello, cosa che richiede solo ed unicamente tempo.

1° livello	5	Anna
2° livello	25	Beppe
3° livello	125	Cristina
4° livello	625	Daniele
5° livello	3.125	Emilia
6° livello	15.625	Federico
7° livello	78.125	Greta

Ho calcolato l'esempio fino al settimo livello. Questo è un libro pratico e voglio solo calcolare con numeri che ho già raggiunto. Nell'estate 2007 oltre 40.000 persone facevano parte del mio team. Si tratta quindi di un numero di cui parlo per esperienza. Tutto ciò che lo supera è per me (ancora) teoria, il resto lo lascio alla vostra fantasia.

Il pagamento dell'azienda è indipendente dalla qualificazione, sono sempre dieci parti della torta. Apprenderete i dettagli dal vostro sponsor. So che è piuttosto difficile da comprendere, ma con questo esempio voglio semplicemente che riconosciate che ogni livello che l'azienda può pagare più in profondità, comporta per voi un enorme aumento delle entrate.

Dal seguente estratto della tesi di laurea "Network marketing – una nuova forma di indipendenza e di imprenditoria" di Lothar Pusch potete approfondire lo sviluppo della mia organizzazione nei primi sei anni. Da esso emerge chiaramente che la crescita maggiore si ha al livello cinque e a quelli successivi.

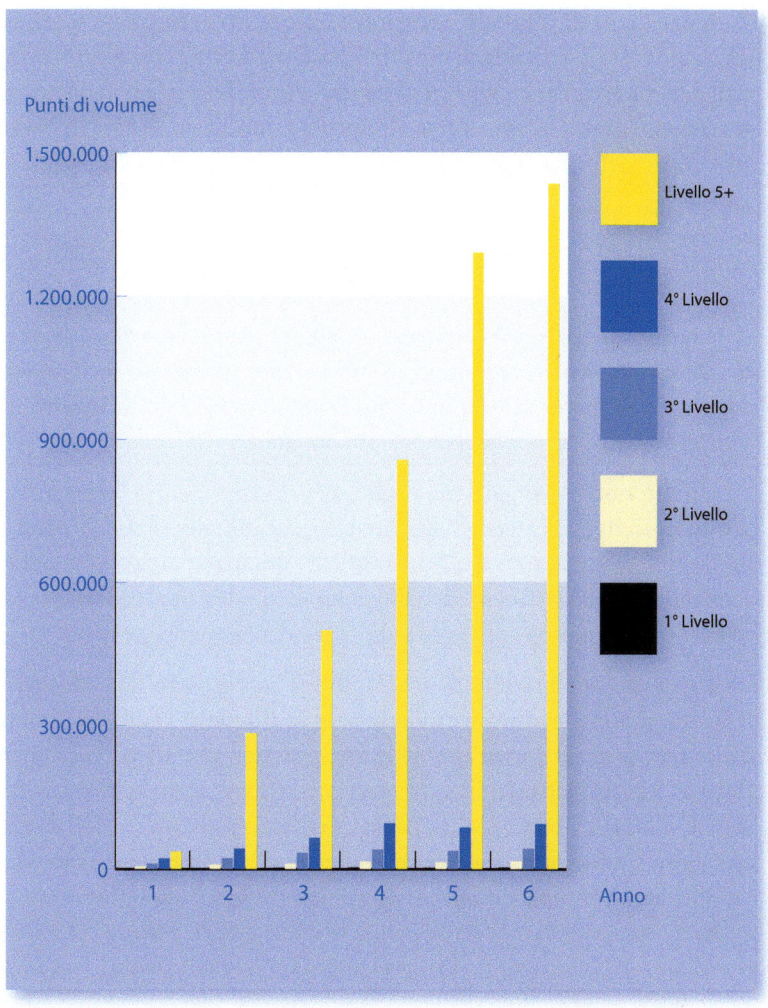

Grafico: Estratto della tesi di laurea "Network marketing – una nuova forma di indipendenza e di imprenditoria" di Lothar Pusch.

A pagina 31 di "Wave 4" vengono confrontati diversi piani marketing. Richard Poe scrive chiaramente che i piani marketing "profondi" offrono maggiori vantaggi ai networker che si sono posti l'obiettivo di creare organizzazioni enormi e soprattutto altamente redditizie. *I livelli più profondi sono quelli nei quali la forza della crescita progressiva si esplica pienamente* ...

Stranamente, spesso non si riesce a riconoscere a prima vista questo enorme vantaggio.

Anche io pensavo inizialmente che questo piano fosse uno svantaggio. Nella mia azienda precedente avevo uno sconto molto alto per i miei prodotti e mi dispiaceva il fatto che qui non lo avessi. Solo in seguito mi si accese una luce e riconobbi l'enorme vantaggio.

Un ulteriore vantaggio che voglio menzionare qui è la "ricerca di perle in profondità". Si tratta di cercare perle, quindi potenziali dirigenti, ai livelli profondi, e sostenerli. Naturalmente questo è particolarmente conveniente se il piano di remunerazione prevede questa procedura e la retribuisce. A questo proposito eccovi un fantastico esempio pratico:

Una delle mie firstlines è una casalinga con quattro figli che sponsorizzava ma non è mai diventata attiva. Uno di questi pochi collaboratori da lei sponsorizzati, anch'egli nel frattempo non più attivo, raccomandò l'attività ad una persona. Questa sponsorizzò Sven che sponsorizzò Andy. Sven è diamante con 1 stella. La sua firstline Andy ha tre collaboratori diamante. Uno di loro è suo fratello che ha aspettato tanto quanto il mio per iniziare ... In tutto, da questa linea sono emersi finora **dieci** diamanti. E sapete una cosa? Il marito della mia firstline ritiene tuttora che l'attività per lui non sia interessante. Per lo meno non l'ha mai voluta guardare ...

Racconto volentieri questa storia perché dimostra chiaramente che il momento dell'inizio non ha alcuna influenza sul successo.

Incontri-training

La maggior parte delle aziende di network-marketing organizza dei "meeting", i cosiddetti "incontri informativi o di sponsorizzazione". Si tratta di incontri in cui i nuovi collaboratori possono invitare i loro amici e conoscenti a partecipare alla presentazione perché ricevano informazioni sull'azienda. Questo tipo di incontri viene chiamato anche "meeting di reclutamento". Ciò significa che un relatore saluta all'incirca con queste parole: *Buonasera signore e signori, voglio salutarvi in nome di XY. Oggi vi presentiamo un'opportunità di impresa che ... eccetera.*

Strachowitz ha individuato lo svantaggio di questo metodo:

Questo metodo educa purtroppo alcuni collaboratori alla comodità e li libera dalla responsabilità per la propria attività. A questo si aggiunge la dipendenza dal calendario dell'organizzazione. Se l'interessato non ha tempo il giorno della presentazione, passano una o due settimane fino alla prossima occasione: questa è una limitazione di crescita strutturata.

Quanto la velocità influenzi il successo, all'inizio non mi era così chiaro. L'obiettivo è che ogni collaboratore sia in grado il più presto possibile di condurre autonomamente i colloqui.

Anche le mie aziende precedenti organizzavano tali eventi a cui presto partecipai come relatrice. Per me questa era una sfida. Non di rado gli ospiti venivano invitati sotto falsi pretesti e, anche solo per questo, erano diffidenti in partenza. Potete immaginarvi che non era sempre un compito facile stare sul palco e convincere gli ospiti.

Quando conobbi la mia azienda attuale, oltre al semplice piano di remunerazione, un altro punto ebbe per me grande importanza:

> Riconobbi subito che in questa attività, in cui non devo fatturare quantità di merci e non ho costi di ingresso, non ho neppure bisogno di meeting per spiegarla ad altri.

Capii immediatamente che ad ogni amico potevo raccontare l'attività in massimo un'ora e lui a sua volta poteva spiegarla ad un amico. È un sistema assolutamente duplicabile. Riconobbi che avevo un'opportunità semplice che si può presentare a chiunque e decisi immediatamente che in futuro avrei parlato solo a persone che **vogliono** che io parli loro.

Nel libro di Don Failla trovi un capitolo interessante sul tema "meeting" che mi convinse subito:

(...) e così si presenta un tipico evento informativo: file di sedie in un soggiorno o in una sala di un hotel, una lavagna o una flipchart davanti alla prima fila. Un relatore in abito scuro presenta azienda, prodotti e naturalmente il piano marketing. In genere questa manifestazione dura un'ora e mezza. Dei 22 partecipanti, 19 sono già agenti esperti, gli altri tre sono ospiti. Ne erano stati invitati di più ma non si sono presentati. Il relatore parla agli ospiti, parla quindi solo a tre delle 22 persone presenti. La maggioranza degli agenti presenti lotta contro la stanchezza poiché già conosce lo svolgimento dell'evento che potrebbe raccontarlo ad occhi chiusi. Ad un certo punto diventa tutto così noioso che nessuno vuole più partecipare.

Ho riso di cuore ... Lo stesso succedeva a me. E io non lo volevo più. A prescindere dalla delusione che un nuovo arrivato prova quando i suoi ospiti non si presentano, questo metodo è difficilmente duplicabile.

> La maggioranza delle persone teme più della morte l'idea di dover tenere una conferenza davanti a molte persone.

E cosa penserà il vostro ospite? *Aiuto, allora anch'io d'ora in poi dovrò partecipare ogni martedì sera al meeting. Non ho proprio tempo per queste cose.*

Come già detto, il nuovo collaboratore ha due domande scritte in fronte. La prima è: *Che vantaggio ne traggo?* E la seconda è: *Posso farlo anch'io?* Oppure: *Ho il tempo necessario?* In base alla mia esperienza questi meeting sono di grande interesse per i nostri collaboratori. Pensateci: **il tempo è prezioso.**

Idealmente il nostro lavoro con nuovi collaboratori seri si svolge nel soggiorno. Inoltre ci sono incontri-training regionali, anche se deve essere chiaro che non possono mai sostituire il lavoro personale. La differenza sostanziale è che qui parliamo ai 19 collaboratori. Naturalmente si possono portare ospiti, ma solo a condizioni completamente diverse. L'ospite nel migliore dei casi ha già ascoltato o letto lo strumento, sa che è "ospite" e che può dare un'occhiata senza impegno. Sapete quanto più credibile è il tutto se spiegate ai vostri collaboratori che devono assolutamente aiutare i nuovi ospiti se vogliono avere successo? Gli ospiti si sentono meno sotto pressione. Ne conosco alcuni che durante un meeting di reclutamento nella forma descritta sopra non si sono affatto sentiti a loro agio. Sentivano che la maggioranza erano già persone attive nel settore e pensavano che tutto l'incontro fosse stato organizzato solo per loro.

Durante gli incontri-training si può parlare del "Global system", del colloquio iniziale e naturalmente si può rispondere anche alle domande che sono emerse dall'ultimo incontro. Può aver luogo uno scambio di esperienze e – questo è molto importante – uno o più collaboratori possono parlare davanti a una moltitudine senza dare l'impressione che solo chi sa parlare davanti ad un gruppo di persone possa avere successo.

Il saluto potrebbe suonare all'incirca così:

Buonasera a tutti. Un cordiale saluto. Mi chiamo Ugo e guido il nostro incontro di oggi. Siamo tutti più o meno collaboratori attivi di YZ e puntiamo la nostra attenzione sul colloquio uno-a-uno, cioè sulla raccomandazione da persona a persona. Per questo qui una volta a settimana esercitiamo la nostra tecnica di lavoro con il Global System, il colloquio iniziale. Il training dovrà essere una piattaforma di esercitazione e offrire naturalmente anche la possibilità, nel caso in cui siate ancora insicuri e/o o il vostro sponsor non abiti nella vicinanze, di portare un ospite. A una condizione e qui non esiste alcuna tolleranza: deve essere stato precedentemente informato sull'attività e averne un'idea positiva. Risponderemo a tutte le domande che verranno poste e scambieremo le nostre esperienze.

Se il gruppo è piccolo, i presenti si possono presentare **brevemente** e magari anche dire cosa si aspettano da questa serata. Io considero il ruolo del relatore piuttosto quello di un "presentatore". I presenti possono essere coinvolti durante le domande e così sono integrati attivamente. L'effetto didattico è molto più grande rispetto ad un monologo e inoltre tutto è molto più divertente. Alla fine gli incontri hanno anche una certa "funzione di ospitalità". Non tutto funziona solo positivamente e per questo è molto importante che incontriamo anche persone e comprendiamo che anche loro ricevono a volte dei **NO** e che ciò è assolutamente normale.

Nel nostro GabisteinerTEAM abbiamo scelto questo approccio. Questa decisione è in stretta relazione con il nostro obiettivo. Vogliamo una soluzione per la maggioranza di tutte le persone che non vendono e che in generale non vogliono o non vogliono ancora tenere conferenze. Si tratta di persone che hanno trovato nella nostra attività un concetto di vita che può avere un effetto positivo su molti ambiti della loro vita. Si tratta qui di costruire relazioni "da persona a persona" e cambiare situazioni personali di vita. Naturalmente esistono anche dei team di cui fanno parte soprattutto terapeuti, naturopati e professioni correlate e che hanno modalità di lavoro un po' diverse da quelle di tenere conferenze. Questo è perfettamente ok, ma logicamente non è l'approccio per il nostro gruppo principale.

In ogni caso la cosa più importante è l'entusiasmo perché è contagioso. Importante è anche l'identificazione. Durante uno di questi incontri ognuno trova persone coetanee, che abitano nella stessa città o che provengono dalla stessa nazione o che fanno lo stesso lavoro. Ciò significa che chiunque trova qualcuno con cui potersi identificare. Per questo la "promozione", cioè "il muovere una persona dal punto A al punto B", è tanto importante. Soprattutto per i nostri eventi che si svolgono circa quattro volte l'anno. Sappiamo oggi, in base alla nostra esperienza, che ci possiamo risparmiare almeno un anno di lavoro di convincimento se un nostro nuovo collaboratore vede "il grande quadro" durante un nostro evento, quando ha conosciuto i fondatori della nostra azienda. Ecco perché promuoviamo con piena energia queste opportunità.

Incontri training e GabisteinerTEAM

Quando iniziai con Lissy e Isolde, in Germania non esistevano praticamente attività della nostra azienda. Spesso mi si dice: *Certo, tu hai avuto vita facile, hai partecipato sin dal principio.* Questa è un'opinione sbagliata.

Isolde sponsorizzò Susanne e Susanne sponsorizzò una persona di Münster in Vestfalia. Ciò significa che Isolde e io dovemmo andare a Münster per fare il training. Sulla via del ritorno ci fermammo a Siegen. E lo stesso avvenne poi a Brema, Berlino, Monaco, Salisburgo eccetera. Nel frattempo vengono organizzati incontri a tappeto in tutta la Germania e si sta iniziando anche in Svizzera e a Mallorca. Questo è un enorme progresso e offre incredibili possibilità di crescita. Ognuno ha la possibilità di consultare online il calendario degli eventi e far partecipare un amico o un conoscente che abita in zona. Ciò è naturalmente possibile solo perché tutti gli incontri si svolgono secondo lo stesso schema e perché ovunque si insegna lo stesso sistema.

A questo punto voglio di nuovo sottolineare che il collaboratore deve naturalmente essere stato prima sponsorizzato e aver già condotto il colloquio iniziale. Va da sé che il trainer locale **non** è tenuto a insegnare ai nostri collaboratori i concetti di base. È chiaro: sarò io a sostenere prevalentemente un collaboratore veramente serio: "Learning by doing!"

Il GabisteinerTEAM è un'associazione di collaboratori della mia downline e nel frattempo anche delle sidelines che si rispettano e si sostengono a vicenda sulla base di linee guida etiche comuni per poter, attraverso questa cooperazione, lavorare in modo più efficace e globale. A questo punto voglio brevemente spiegare quali sono le linee guida del GabisteinerTEAM. La base è un sistema elaborato insieme al quale ci atteniamo e che non modifichiamo individualmente. Questo sistema è stato sperimentato in pratica, ha dato buoni risultati e garantisce una modalità di lavoro e di formazione unitaria di nuovi collaboratori. Gli elementi essenziali sono il sistema di lavoro del Global System, il catalogo informativo, il colloquio iniziale e strumenti uniformi e neutrali. Pensiamo che non abbiamo bisogno di annunci con promesse milionarie e non diffondiamo volantini o biglietti da visita in modo "freddo" tra la gente. Lavoriamo preferibilmente in un "mercato caldo". Usiamo le nostre storie personali e forniamo informazioni se l'altro segnala interesse. In questo modo evitiamo il rifiuto e non lasciamo dietro di noi "terra bruciata". Tra le nostre regole etiche conta naturalmente anche il fatto che non "rubiamo" collaboratori alle altre linee e che non parliamo male di altre persone o di altre aziende.

Filtrare e selezionare

In un altro punto condivido l'opinione di molti dirigenti di successo del settore:

> La chiave per una crescita immensa sta nel trovare personalità-guida e formarle.

Ciò significa che la nostra più grande sfida consiste nel riconoscere queste personalità. Si tratta di riconoscere in tempo **chi** ha davvero interesse ad avere successo. Il tempo è il nostro bene più prezioso e penso che nel frattempo possiate riconoscere cosa succede quando sponsorizziamo un collaboratore attivo e lo aiutiamo a creare il suo gruppo sostenendolo ad esercitarsi con i suoi collaboratori.

Si inizia molto presto a filtrare e a scegliere, per esempio selezionando già mentre racconto la mia storia chi ha interesse e chi no. Se nel mio team ho già un paio di collaboratori della "scatola dei non ancora" posso, quando avrò tempo, nuovamente selezionare chiedendo: *Ho di nuovo tempo per sostenere una linea e portarla al successo. Chi vuole essere aiutato?* Se procediamo **veramente** così, allora ci troviamo in una assoluta "posizione di offerta". In questo caso la nostra quota crescerà considerevolmente ... Per questo è anche importante non perdere tempo a **pregare** le persone di entrare nella nostra attività. Persone riluttanti porteranno solo pessimi collaboratori anche se all'inizio saremo riusciti a smuoverli. Le persone che noi cerchiamo sono api operose che iniziano subito a lavorare e non, come spesso capita, *solo dopo le vacanze estive* ...

Io paragono tutto ciò ad un innamoramento. Direste al vostro amato: *D'estate è un pessimo momento, non è meglio se iniziamo quando fa più fresco?*

Sfruttate l'entusiasmo iniziale! La velocità è uno dei grandi segreti del nostro settore. Ma non pianificate troppo con la logica, altrimenti sparisce l'energia. E non iniziate subito a leggere **tutti** i libri. Filtrare e selezionare significa che sosteniamo coloro che lo vogliono veramente e che non ci soffermiamo con coloro che non vogliono. Potete filtrare anche con gli strumenti che sono (come già detto) libri, cd, dvd, biglietti per seminari, articoli di giornale indipendenti eccetera. A seconda della tipologia di persona e del gruppo, fornisco lo strumento adeguato. Grazie a questa preselezione, con lo strumento scoprite se esiste un vero interesse o no invece di scoprirlo solo dopo un colloquio di tre ore.

Perché dovete sempre anche pensare: **Che esempio sto dando?** Solo se per il vostro interlocutore siete un esempio di ciò che affermate, siete credibili e autentici. Per esempio quando affermate: *Puoi costruire l'attività anche parallelamente al tuo lavoro.*

Tuttavia sappiamo: solo in pochissimi casi l'interessato ci trova autonomamente. Sapete com'è: quanti bigliettini avete appeso alla vostra bacheca per ricordarvi le cose che volevate assolutamente fare, oppure quanti libri volevate comprare e non l'avete fatto ... Io suggerisco ai miei collaboratori di chiedere al momento in cui forniscono lo strumento: *Quando pensi che potrai ascoltare il cd?* Oppure: *Quando hai il tempo per leggere?*

Tra l'altro, oggi sostengo che alla consegna del libro è già quasi sempre chiaro se il contenuto piacerà alla persona oppure no. Se avete risvegliato curiosità e **se ha chiesto** del libro, è molto alta la probabilità che gli piacerà.

> **Se avete scoperto prima il suo perché,**
> **questo aumenterà anche la quota.**

Se vi siete semplicemente limitati a dare il libro in mano all'interlocutore, lo leggerà controvoglia o non lo leggerà affatto. Il risultato è lo stesso: non gli interesserà. E se una persona non sa decidersi se incontrarci? Allora ha già deciso e si è escluso da solo. Questo è perfettamente ok. Sappiamo che abbiamo bisogno della nostra quota e non ci lasciamo derubare del nostro entusiasmo.

Nel libro "Il filo conduttore ultimativo" di Ledoux trovi il seguente passaggio riguardo agli **errori** che quasi chiunque fa:

Qualcuno rinuncia e voi siete tristi. Considerate: il marketing del passaparola è un gioco con i numeri, una maratona, una gara di resistenza. Il 50 per cento smette durante il primo anno, il 40 per cento ama i prodotti, il 10 per cento porta avanti l'attività. Il 2 per cento fa il 90 per cento del lavoro. Cercate i vincitori e siate voi stessi uno di loro, allora troverete anche i futuri vincitori.

Quest'affermazione è grandiosa! Proprio di ciò si tratta: trovare quel dieci per cento. Niente di più e niente di meno. Penso che vedere le cose in questo modo è di aiuto contro le delusioni. Per favore non lamentatevi mai del fatto che "quello" o "quella" non FANNO nulla. È un loro diritto. Così proponiamo la nostra attività (almeno lo spero ...)

> **Noi diciamo: *Tu puoi ma non devi.***

Nella mia fase iniziale, faceva parte del mio team un'insegnante che mi aveva chiesto un colloquio personale insieme a suo marito. Pensai che i due volessero fare un training con me. Per cui fui piuttosto sorpresa quando il marito si sedette al tavolo, incrociò le braccia e mi comunicò:

Signora Steiner, adesso provi a convincermi, le dico subito che non sarà facile ...

Pensavo di non aver sentito bene e risposi:

In questo caso ha completamente sbagliato indirizzo. Io non voglio convincerla e non lo farò. Ciò sarebbe un LAVORO e io non voglio più farlo. Posso volentieri consigliarle dei testi che può leggere con calma e posso rispondere a domande che dovessero poi sorgere. Ma dovrà convincersi da solo. E quando SARÀ convinto allora dovrà convincere me che è un collaboratore serio e che vale la pena che investa il mio tempo per lei.

Naturalmente non parlai in modo così drastico ma il concetto era quello.

Paula Pritchard ha dedicato a questo tema un meraviglioso capitolo del suo libro: *Immagino di aver scoperto una miniera d'oro e dispongo solo di cinque pale. La domanda è: a chi voglio darle?*

Mi piace questa immagine e coglie bene l'essenza, tuttavia solo se siamo veramente disponibili a sostenere i nostri collaboratori. Ma come riconosco un collaboratore attivo?

Don Failla scrive nel capitolo "Riuscite a riconoscere una nave d'oro?":

- ▸ È disposto ad imparare, ha 100 domande e nella fase iniziale telefona continuamente. (È vero, divento nervosa se un nuovo collaboratore non ha domande.)

- ▸ Chiede il vostro sostegno e chiede di conoscere i suoi conoscenti interessati (un punto molto, molto importante).

- ▸ È completamente entusiasta, legge libri **parallelamente all'attività di sponsorizzazione** e impara **via via** tutto sul network-marketing.

- È disposto ad impegnarsi, compra dalla sua azienda e usa **tutti i prodotti** che comunque utilizza in casa.

- Ha obiettivi.

- Ha una lista di nomi con cui lavora attivamente.

- È divertente stare con lui.

- È positivo: chiunque si circonda volentieri di persone positive.

Io aggiungerei a questa lista i seguenti punti:

- Usa gli strumenti per il suo convincimento personale e li usa anche con altri.

- Investe tempo, usa attivamente gli eventi a cui partecipa con ospiti.

- È disposto ad assumersi incarichi.

- Lavora in modo disciplinato al programma giornaliero che si è imposto.

- Vede gli ostacoli come sfide.

Il compito dello sponsor

Uno dei principi più importanti del marketing del passaparola è:

> Non fanno quello che DICI,
> fanno quello che FAI.

Per questo è importante essere d'esempio per il proprio team. Ciò significa che io stesso devo essere pronta a fare ciò che voglio insegnare al mio team.

Un altro punto importante è saper distinguere quale collaboratore è serio e quale no. Un bravo sponsor prende un collaboratore serio per mano e lo sostiene durante la costruzione di un team.

Si richiede "Learning by doing". **Io personalmente rispondo alle domande solo se emergono.** Credetemi, potrei nutrire i miei nuovi collaboratori per una settimana solo con teorie, di materiale ne avrei a sufficienza ... ma sono assolutamente convinta: **l'inizio deve essere semplice.** Da bravo sponsor sono costantemente in contatto con i miei collaboratori e so perfettamente **quando** è necessario passare alla **lezione** successiva. Se prendo un nuovo collaboratore per mano e "cammino" con lui nei mesi successivi non ho bisogno di discutere con lui tutti i dettagli già il primo giorno. Se uno sponsor inonda subito all'inizio il suo nuovo collaboratore di tutte le informazioni, mi viene il leggero sospetto che non abbia programmato necessariamente una collaborazione intensa.

Alla fine una cosa è certa: per arrivare in cima dovete (potete?) continuare a imparare e a crescere. Ma ciò avviene automaticamente e non può essere il contenuto dei primi mesi. Dico spesso ai miei collaboratori:

Quando iniziate con un'azienda non dovete ancora sapere cosa dovrete fare quando sarete direttore generale. Mi sembra piuttosto logico. Questa frase è di Lissy:

> ## Un bravo sponsor non è sempre uno sponsor comodo.

Perché un bravo sponsor è, se il caso lo richiede, anche in grado di affrontare questioni scomode che evidentemente impediscono al nostro collaboratore di raggiungere il successo. Il "MLM-Coach" ha formulato questo concetto in modo simpatico in una lettera:

> *Se il vostro collaboratore si rifiuta in modo categorico di presentarvi le sue persone interessate, potrebbe forse essere che qualcosa non funziona con la vostra immagine ... Sinceramente: Ci penso dieci volte prima di portare una persona interessata dal mio sponsor che "puzza", ha i capelli grassi o il cui soggiorno è irriconoscibile per le nuvole di fumo.*

A questo punto vorrei dare ai miei amati fumatori questo consiglio tratto dall'esperienza: il prezzo che "paghiamo" se fumiamo durante i meeting o gli eventi è molto alto. Ciò vale anche per chi fuma nell'atrio durante la pausa. Perché comunque da noi si parla di salute. Mi è capitato di sentire non pochi commenti di ospiti che dopo aver partecipato a dei meeting durante i quali si fumava hanno dedotto solo da questo fatto che l'attività non fa per loro *perché le persone non erano credibili*. E magari non conoscerete mai la ragione della loro disdetta. Come già detto: **Un'occasione persa non si può misurare.**

Alla domanda: *Chi sostengo adesso?* trovate una risposta interessante su un cd di Jim Rohn che vorrei raccomandare a tutti. Dice: *Quando fai un passo, io ne faccio due. Se fai due passi, io ne faccio tre per te.* Questo è perfetto e penso che sia espresso così semplicemente da non richiedere ulteriore spiegazione.

> Puoi aiutare 1.000 persone
> ma non portarne tre sulle spalle.

Quanto è vero questo e spesso è anche un problema! Io so che soprattutto molti nuovi collaboratori cercano di aiutare qualcuno che "ne avrebbe tanto bisogno". Non ha senso cercare persone che ne hanno bisogno. Nei cerchiamo piuttosto persone che **VOGLIONO**.

Sponsorizzare e accudire

Avete compreso che grazie al nostro piano remunerativo che va fino a grandi profondità non è necessario sponsorizzare continuamente nuovi collaboratori. Qui si tratta di sponsorizzare e sostenere, sponsorizzare e sostenere, sponsorizzare e sostenere ...

È assolutamente controproducente entusiasmare in una volta dieci persone per l'attività e poi lasciare che si "arrangino" senza aiuto. Personalmente preferisco distribuire la mia energia per il 50 per cento su due linee, sapendo che entrambe avranno poi veramente successo. Se dieci linee si devono dividere il dieci per cento del mio tempo può essere che NESSUNA di esse ottenga sufficiente aiuto e sostegno per diventare attiva autonomamente. Al contrario, con un ritmo lento, molti perdono la voglia e smettono demotivati.

> È responsabilità di ogni sponsor trasmettere il suo intero "sapere imprenditoriale" ai collaboratori da lui sponsorizzati, fare con loro i primi passi, aiutarli a costruire la propria rete, allenarli eccetera.

Secondo Don Failla è un grosso spreco di tempo cercare solo persone da poter sponsorizzare invece che aiutare un amico a parlare con la gente. Naturalmente all'inizio dobbiamo riservare il cento per cento del tempo alla sponsorizzazione di nuovi collaboratori. Più tardi possiamo poi sponsorizzare sempre meno nuovi collaboratori, perché l'attenzione si sposterà automaticamente sul sostegno ai collaboratori esistenti. Questa è la differenza rispetto alla vendita diretta.

Più intensamente lavoriamo con i nostri collaboratori, più successo avranno. E proprio per questo è assolutamente preferibile costruire il proprio gruppo il più vicino possibile. Aiutiamo i nostri nuovi collaboratori a raggiungere fino al terzo e al quarto livello, di questo ci occuperemo poi la maggior parte del tempo. E poi guardiamo qual è la persona di questo team con la quale possiamo collaborare più strettamente. Per noi la chiave del successo è nel lavoro in profondità.

Per favore rileggete di nuovo questa frase.

C'è una grande differenza di motivazione quando aiuto il mio nuovo collaboratore a sponsorizzare in profondità piuttosto che in larghezza e voglio chiarirvelo con il seguente esempio:

Supponiamo che io abbia sponsorizzato Anna, che io faccia quattro colloqui e che l'aiuti a trovare quattro nuovi collaboratori.

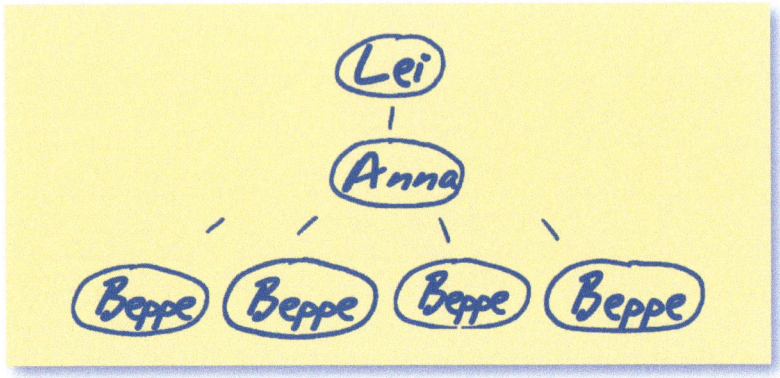

Ci sono solo quattro collaboratori nel team di Anna. Ma quanti di loro sono motivati? Se parto dal presupposto che la motivazione migliore in assoluto è quella di avere un proprio collaboratore nel team, si può dire che solo Anna è veramente motivata.

Adesso mi impegno allo stesso modo e conduco quattro colloqui. Solo che aiuto Anna a parlare con Beppe, poi Beppe con Cristina, Cristina con Daniele e Daniele con Emilia. Se parlo con qualcuno della stretta cerchia di amici conosco generalmente già anche i suoi amici e possiamo già invitare qualcuno al colloquio in modo che possano essere informati contemporaneamente due livelli.

Adesso supponiamo semplicemente che tutti iniziano. Anna ha

quattro persone nel suo team. Ma quanti sono motivati ora? Quattro. Abbiamo ottenuto il 400 per cento di motivazione in più con lo stesso impegno. Questo è il grande segreto della nostra attività. Don Failla afferma a questo proposito:

> "Una candela sotto il sedere è più efficace di un lanciafiamme in faccia."

Niente motiva di più le persone che qualcuno che parte "sotto di loro". Il lavoro in profondità è di valore inestimabile. Con lo stesso impegno ho persone quattro volte più motivate. Più velocemente portate i vostri collaboratori al terzo o al quarto livello, più velocemente generate il fuoco dell'entusiasmo perché i nostri collaboratori vedono: *Funziona! Anch'io riesco a farlo! Il mio lavoro è divertente e guadagno soldi.*

E quando quel team sarà profondo e largo abbastanza e saprà lavorare autonomamente potete, prima ancora di concentrarvi sulla sponsorizzazione di nuovi collaboratori, chiedere a coloro che avete collocato nella "scatola del non ancora": *Senti, Alfredo, ho aiutato un team a raggiungere il successo, ora è autonomo e avrei tempo per sostenere un nuovo collaboratore. Ti va?*

Poi posso guardarmi intorno per cercare dove si trova un potenziale dirigente disposto ad assumersi delle responsabilità. Un enorme vantaggio del nostro piano di remunerazione è che la prossima stella non deve assolutamente arrivare solo dai tre primi livelli. Si può anche trattare di un collaboratore del decimo livello o da un livello ancora più basso. Questo è un consiglio importante e il motivo per cui utilizzo ogni occasione per cercare collaboratori in profondità, entrare in contatto con loro e "raccogliere perle in profondità".

Se il flusso delle informazioni scorre senza problemi abbiamo un enorme vantaggio. Come già detto, le informazioni scorrono sempre dall'ALTO verso il BASSO. Al contrario delle DOMANDE che dovrebbero essere poste dal BASSO verso l'ALTO. Ciò significa che in ogni caso dovete contattare il vostro sponsor. E se non può aiutarvi chiederà al suo sponsor. Questo è molto importante perché garantisce una formazione scorrevole.

Mi rallegro di ogni mail, di ogni richiesta di sostegno che mi arriva. Rispondo volentieri e me ne occupo finché non avete una upline attiva. Preferisco naturalmente che vi sia una persona attiva e comprenderete se inoltrerò la richiesta ad un dirigente diamante della upline responsabile.

Con il nostro sistema, basato sull'aiuto, e con il calendario degli eventi costruire l'attività anche in città sconosciute non è un problema.

Questo libro è concepito per nuovi collaboratori. Perciò è importante menzionare che è la via normale crearsi inizialmente, con cinque fino a dieci ore la settimana, un secondo reddito per arrivare poi (da quattro a sei anni) a un reddito principale. Entrate mensili dell'importo di 30.000 o 60.000 euro o più come guadagnano i networker di punta non si raggiungono con un impegno settimanale dalle cinque alle dieci ore. Se avete un obiettivo più alto e volete procedere più in fretta, cercate assolutamente il primo dirigente della vostra upline e comunicategli la vostra intenzione. Vi prometto che la persona sarà contenta della vostra telefonata e vi sosterrà volentieri.

Conclusione

Spero di avervi fornito un paio di spunti per il vostro inizio e di non avervi dato troppe informazioni in una volta. Se sì, dimenticate tutto ciò di cui momentaneamente non avete bisogno e fate come vi sentite a vostro agio.

Per favore rileggete questo libro tra un paio di settimane o mesi o procuratevi anche l'audiolibro. Vi posso garantire che ascolterete o leggerete cose completamente diverse. Non solo io ho fatto quest'esperienza, ogni volta assorbirete sempre solo le informazioni che vi riguardano in quel momento.

Fate attenzione di avere sempre una buona sensazione quando ne parlate con le persone. Se non è il caso riflettete su ciò che state facendo. Forse state cercando di convincere qualcuno? Oppure state discutendo con qualcuno che ha pregiudizi sul settore? Io dico sempre: *Se non avete una buona sensazione allora state facendo qualcosa di sbagliato.*

Ma anche questo non è un problema. Al capo dell'IBM venne chiesto come si può raggiungere il vertice nella sua azienda. Egli rispose: *Raddoppiate la vostra percentuale di errori.*

Pensate: state mettendo piede su un nuovo terreno e avete bisogno di tempo per ambientarvi. Nient'altro è accaduto a me e al mio team. Abbiamo preso decisioni, le abbiamo messe in pratica e abbiamo osservato cosa succedeva. Cosa abbiamo fatto di buono? Cosa va corretto? Una soluzione giusta per tutti al cento per cento non ci sarà mai.

E non c'è nemmeno la **frase perfetta** o il **discorso perfetto**. Anche questo dobbiamo accettarlo. Ciò che vi posso promettere è che voi migliorerete con l'aumentare dell'esperienza.

> L'esperienza è il miglior maestro. E la cosa migliore è
> che ci vengono sempre impartite lezioni private.

Un ringraziamento particolare a questo punto va a tutti coloro che mi accompagnano già da anni e che hanno collaborato con consigli e azioni a questo libro. Non ci fermiamo mai e non ci fermeremo. È necessaria flessibilità ad alto livello. Ecco perché nel libro non fornisco consigli dettagliati sul training. Trovate informazioni sullo stato attuale del sistema e anche sugli strumenti consigliati nel settore dei collaboratori su internet.

Qual è il mio suggerimento concreto per il vostro inizio?

Riflettete se avete un vero motivo per cambiare. Poi prendete la decisione. Comunicatela al vostro sponsor e stabilite un appuntamento per il colloquio iniziale. Invitate il vostro migliore amico o la vostra migliore amica (sapete già che la velocità conta ...). Poi ordinate un paio di prodotti e un numero di strumenti adeguato al vostro obiettivo da poter dare ad altre persone. Segnate nel vostro calendario gli appuntamenti che potete fare con il vostro sponsor. Prendete sul serio la vostra attività anche se vi divertite molto. E poi impegnatevi a rimanere attivi per un anno, indipendentemente da ciò che succede.

Goethe scrisse le seguenti parole su questo argomento:

Finché non ci si impegna, si è titubanti, si corre pericolo di fare un passo indietro e si è sempre inefficaci. C'è una verità elementare che è valida per tutte le iniziative e creazioni e la cui ignoranza distrugge innumerevoli idee e splendidi progetti. Nel momento in cui ci si impegna in modo irrevocabile appare anche la provvidenza. Tutte le cose possibili avvengono per aiutare in un modo che altrimenti non sarebbe mai accaduto. Un'intera corrente di avvenimenti incomincia a scorrere a partire dalla decisione, evoca tutti gli eventi possibili imprevisti, gli incontri e gli aiuti materiali a proprio vantaggio come nessuno avrebbe mai sognato. Ciò che puoi immaginare puoi anche farlo.

Comincia ora.

C'è molta verità in queste parole e mi viene sempre confermata. E Goethe lo sa bene ...

Ecco il mio ultimo consiglio:

> ## Riconoscete il valore di una persona.

Se avete una persona che vuole lavorare seriamente, sostenetela con tutta la vostra forza. Siate consapevoli di ciò che voi potete significare per questa persona e cosa questa persona può significare per voi. A questo proposito ecco una citazione molto valida per il marketing del passaparola:

> ## Tutti possono contare i semi in una mela. Ma nessuno conosce il numero di mele in un seme.

Vi auguro il meglio nella vostra vita e spero che vi deciderete a favore di questo meraviglioso settore. Sarei molto orgogliosa se anch'io avessi contribuito in piccola misura a questa decisione. Aspetto con gioia il prossimo evento in cui ci incontreremo.

Tanti saluti

Gabi Steiner

Networker for Humanity e.V.

La "Networker for Humanity e.V." è un'organizzazione sociale senza scopo di lucro con sede a Heidelberg. La presidenza, i responsabili del progetto e i membri fondatori svolgono il loro lavoro come volontari. I membri lavorano in via principale o secondaria nel network-marketing o nel marketing del passaparola. Scopo dell'associazione è l'aiuto umanitario per persone in difficoltà con l'obiettivo di ridurre la sofferenza e creare nuove prospettive.

I membri dell'organizzazione si assumono il compito di aiutare coloro che non hanno quasi più alcuna possibilità di farcela con le proprie forze. I finanziamenti necessari derivano esclusivamente da donazioni o da contributi dei membri. Il motto è: aiuto per l'auto-aiuto!

Per esempio, il 10 per cento delle entrate della vendita di questa collana di libri va direttamente come donazione all'associazione. Con l'acquisto di questo libro non fate del bene solo a voi stessi.

Informatevi sui progetti, le persone e gli eventi sul sito www.nfh-ev.de. Oppure ancora meglio: diventatene membri.

Gabi Steiner

Seconda presidente NfH e.V.